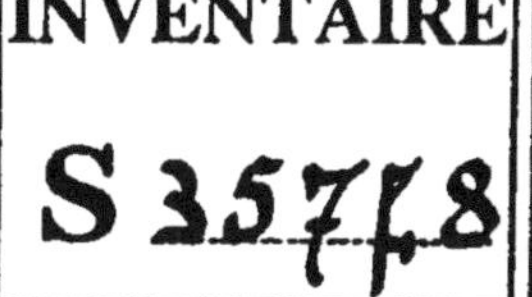

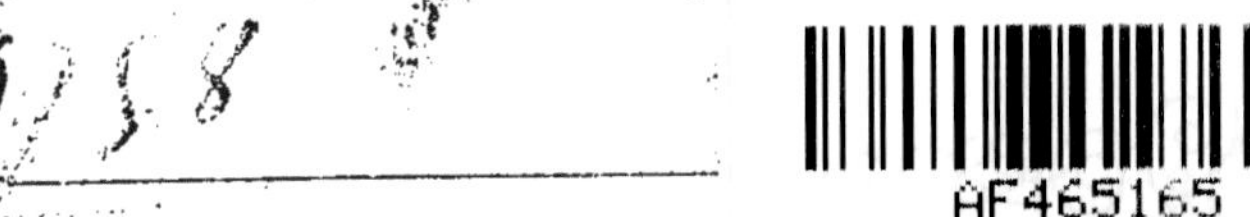

…QUE DES FAMILLES ET DES PAROISSES

DE

LA BASSE-COUR

TRAITÉ COMPLET

DE L'ÉLÈVE ET DE L'ENGRAISSEMENT

DES ANIMAUX DE BASSE-COUR

Par A. YSABEAU, agronome

PARIS
VICTOR POULLET, LIBRAIRE-ÉDITEUR
7, RUE DU CHERCHE-MIDI, 7

AGRICULTURE.

DE LA BASSE-COUR.

BIBLIOTHÉQUE DES FAMILLES ET DES PAROISSES.

SÉRIE AGRICOLE.

DE

LA BASSE-COUR

TRAITÉ COMPLET

DE

L'ÉLÈVE ET DE L'ENGRAISSEMENT

DES ANIMAUX DE BASSE-COUR,

PAR

A. YSABEAU, agronome,

Ancien professeur d'histoire naturelle.

PARIS

VICTOR POULLET, LIBRAIRE-ÉDITEUR,

RUE DU CHERCHE-MIDI, 7.

1858

BIBLIOTHÈQUE RURALE.

DE LA BASSE-COUR.

BIBLIOTHÈQUE RURALE.

DE

LA BASSE-COUR

TRAITÉ COMPLET

DE

L'ÉLÈVE ET DE L'ENGRAISSEMENT

DES ANIMAUX DE BASSE-COUR,

PAR

A. YSABEAU, agronome,

Ancien professeur d'histoire naturelle.

PARIS

VICTOR POULLET, LIBRAIRE-ÉDITEUR,

RUE DU CHERCHE-MIDI, 7.

1858

DE LA BASSE-COUR.

Notions préliminaires.

Les oiseaux de basse-cour sont au rang des animaux domestiques qui peuvent rapporter, lorsqu'on s'en occupe avec discernement, le plus de ces deux choses qu'à la campagne comme à la ville, personne ne dédaigne : plaisir et profit. Tous les agronomes qui ont traité avec connaissance de cause cette branche de l'économie rurale, sont d'accord sur ce point, que pour tirer d'une race quelconque d'animaux domestiques tout le bénéfice qu'on en peut espérer, il faut la bien soigner, et la bien nourrir : les oiseaux de basse-cour ne font pas exception à cette règle. Il est d'autant plus nécessaire d'insister sur cette vérité que quelques auteurs, dont les ouvrages sont très-répandus dans le public agricole, donnent raison au préjugé populaire, en admettant que, quand les volailles ne peuvent pas courir en liberté et vivre de ce qu'elles trouvent, elles ne rapportent rien ; en un mot, il ne faudrait entretenir des volailles que quand on peut se dispenser de leur donner à manger. Ce préjugé n'est fondé que sur la disposition des habitants des campagnes à céder à un esprit exagéré d'économie. En étudiant les faits et les notions exposées dans ce traité, on pourra se convaincre de cette vérité que les volailles, convenablement nourries, donnent seules un profit réel, et que les oiseaux de basse-cour convertissent la nourriture qu'on leur accorde en viande, graisse et autres produits utiles, avec autant et plus de bénéfice pour l'éleveur que s'il faisait consommer les mêmes quantités, des mêmes aliments, par d'autres animaux.

Au point de vue de l'agrément, qui n'exclut pas l'utilité, la ménagère de la campagne ayant la basse-cour particulièrement dans ses attributions, ne peut manquer de se trouver heureuse au milieu de ce petit peuple qui la connaît et s'attache à elle lorsqu'il en est bien traité; la poule lui amène sa jeune couvée, le pigeon vient roucouler sur son épaule, l'oie garde la ferme mieux que le chien le plus vigilant, et témoigne à sa maîtresse un attachement durable, sans lui garder rancune pour le mal, peu grave du reste, qu'elle doit lui faire en récoltant, chaque année, son précieux duvet. Tous ces animaux, sans oublier l'utile lapin, souvent familier jusqu'à l'importunité, consomment peu par rapport à ce qu'ils produisent, et l'on peut dire que ce qu'il faut surtout dépenser pour les élever dans les meilleures conditions, c'est un peu de peine qui est un plaisir.

Avant de peupler la basse-cour, il faut s'assurer d'abord que les volailles seront bien logées, faire choix de la race la plus avantageuse, soit pour la table, soit pour la production des œufs, en consultant, à cet égard, les conditions économiques du pays et le climat local, et prendre d'avance la résolution de s'occuper, avec assiduité, des oiseaux de basse-cour, soit pour l'élevage, soit pour l'engraissement : l'une des principales sources de satisfaction dans la vie, c'est le plaisir très-légitime qu'on éprouve toujours à bien faire une chose utile qui réussit.

CHAPITRE PREMIER.

DU POULAILLER.

Emplacement du poulailler. — Effet d'une bonne température sur la ponte des poules. — Construction du poulailler. — Dimensions. — Ventilation. — Distribution intérieure. — Cloisons en treillage. — Nids pour la ponte. — Place réservée aux couveuses. — Perchoirs. — Promenoir. — Cendres tamisées. — Abreuvoir. — Conséquences utiles d'un poulailler bien établi. — Pertes inévitables sur les produits de la volaille mal logée.

Emplacement.

L'emplacement du poulailler doit être autant que possible choisi à l'exposition du midi; car la chaleur, en toute saison, est une des conditions les plus essentielles au bien-être de la volaille ; il importe surtout qu'elle vive habituellement sous l'influence d'une température douce en hiver. On ne peut trop recommander d'adopter, toutes les fois que les dispositions locales le permettent, l'usage généralement suivi dans toute la Grande-Bretagne, d'adosser le poulailler au mur que traverse le tuyau de la cheminée de la cuisine ; on procure ainsi aux volailles une chaleur artificielle qui ne coûte absolument rien, et une grande partie des poules n'interrompt pas sa ponte pendant l'hiver, époque de l'année où il est le plus agréable d'avoir des œufs frais en abondance.

Pour le dire en passant, il faut que la température du corps des animaux à sang chaud reste en hiver la même qu'en été; c'est à une plus grande consommation d'aliments que le corps demande cette production de chaleur supplémentaire, et c'est pourquoi l'on a généralement plus d'appétit en hiver qu'en été. La poule qui souffre du froid cesse de pondre, uniquement parce que toute sa nourriture est employée à produire de la chaleur : il ne lui reste pas de quoi former ses œufs. En la tenant chaudement, elle pond en toute saison et ne réclame pas plus d'aliments dans un temps que dans un autre.

Construction.

Les murs du poulailler doivent être exempts d'humidité; les briques sont les meilleurs matériaux pour les construire. Ils doivent recevoir un bon crépissage à l'intérieur, puis être blanchis au lait de chaux, opération qui sera renouvelée au moins deux fois par an. Pour faciliter le nettoyage complet et fréquent du poulailler, on doit le paver, soit en pierres plates, soit en briques sur champ, et donner au pavage une inclinaison de 3 à 4 centimètres par mètre; la partie la plus basse doit être élevée de $0^{m},25$ au moins au-dessus du niveau du sol.

Les dimensions du poulailler sont variables à volonté, en raison du nombre des volailles qui doivent l'habiter; il vaut mieux, pour leur santé, qu'il soit trop spacieux que trop petit; il doit se fermer très-exactement; car les belettes, les fouines, les putois, et même le renard, ennemis-nés des volailles, peuvent s'y introduire par des ouvertures où jamais on ne supposerait qu'il leur soit possible de passer.

Ventilation.

La respiration d'un air corrompu n'est pas moins nuisible aux volailles qu'à tous les autres animaux. On assure le renouvellement de l'air dans le poulailler au moyen de deux ouvertures ménagées dans les deux murs de côté, mais non pas à la même hauteur; l'une est pratiquée à $0^m,50$ du sol, l'autre tout près du plafond. Des grillages en fil de fer ferment ces ouvertures; deux planches carrées, inclinées, sont, en outre, placées sous un angle assez aigu, en avant de chacune d'elles. Avec ces précautions, l'air du dehors n'entre pas dans le poulailler sous la forme d'un courant trop vif et trop froid, et l'atmosphère se renouvelle sans que les volailles en soient incommodées.

Distribution intérieure.

Quelles que soient les dimensions du poulailler, une séparation en treillage, à hauteur d'appui, doit régner sur toute sa longueur. Une ou deux portes, habituellement ouvertes, établissent la communication entre les deux compartiments; à l'époque des couvées, on les tient fermées, afin que les couveuses ne soient pas dérangées par les autres volailles. Les nids, en nombre proportionné à celui des poules pondeuses, sont logés dans des niches ménagées, à cet effet, dans l'épaisseur des murs. On peut les établir sur deux rangs, à raison d'un nid pour trois ou quatre poules; une planchette saillante, fixée au mur, en avant des nids, en facilite l'accès aux poules. On sait qu'elles aiment, en général, à pondre et à couver dans un local obscur; on aura soin, par ce motif, que l'intérieur du poulailler ne soit pas trop éclairé. La porte doit être divisée en deux, dans le sens de sa hauteur, afin qu'on puisse ouvrir le haut en laissant le bas fermé, pour inspecter, au besoin, l'intérieur du poulailler, sans être obligé d'y entrer. Deux ou trois ouvertures, à 1 décimètre du sol, se fermant à volonté, comme les *chatières* des greniers, avec une planchette à coulisse, servent de portes d'entrée et de sortie aux volailles.

Les perches où les volailles vont se *jucher* pour passer

la nuit sont superposées les unes aux autres; la plus haute à $0^m,30$ du plafond, la seconde à $0^m,30$ en avant et à $0^m,50$ plus bas, et ainsi de suite, de façon que les volailles juchées ne se trouvent jamais directement au-dessus les unes des autres.

Promenoir.

Lorsqu'on ne dispose pas d'une cour fermée, comme il ne faut, dans aucun cas, laisser la volaille se livrer à son humeur vagabonde, et qu'elle a cependant besoin d'air et d'exercice, on lui consacre un enclos fermé d'un treillage, en avant du poulailler. Le sol de cet enclos est garni en partie de gazon, en partie de gravier fin. L'instinct des poules les porte à avaler des fragments de gravier, qui servent à distendre les parois de leur gésier et facilitent l'acte de la digestion.

Dans la cour ou l'enclos réservé aux volailles, quelques accessoires sont nécessaires à leur bien-être. Sous un petit appentis, dans un coin abrité, on tient en tout temps à leur disposition des cendres, pour qu'elles puissent s'y rouler de temps à autre, et une petite quantité de chaux éteinte dont elles avalent des morceaux qui donnent de la consistance à la coque de leurs œufs. Le plaisir que les volailles prennent à se rouler dans la cendre fine et à la faire pénétrer entre leurs plumes, n'est pas seulement pour elles un amusement; la potasse que contiennent les cendres fait périr les insectes parasites qui tourmentent les poules et leur rend par là un service très-important; car il arrive souvent que des volailles, bien nourries et bien traitées, dépérissent uniquement parce que les insectes logés sous leurs plumes ne leur laissent pas de repos.

Abreuvoir.

L'eau offerte aux volailles, qui ont besoin de boire souvent, ne saurait être trop propre; elle réunit les meilleures conditions lorsqu'on dispose d'un filet d'eau courante qu'on fait arriver dans un bassin placé en qualité d'abreuvoir au milieu de la cour ou de l'enclos des volailles; l'eau, dans ce cas, se renouvelle continuellement; là où cette ressource manque, on enterre à fleur de terre un baquet peu profond qu'on tient constamment rempli d'eau pure; il faut s'astreindre à renouveler cette eau *tous les jours*. Dans les basses-cours très-peuplées, il est nécessaire, pendant la saison où elles renferment un grand nombre de jeunes poulets, d'entourer le bassin d'un grillage en fil de fer, par lequel les poulets récemment éclos ne puissent passer, sans quoi ils ne manqueraient pas d'aller s'y noyer en grand nombre; on leur donne à boire dans des assiettes plates; les mailles de ce grillage sont assez larges pour que les volailles puissent y passer la tête pour s'abreuver.

Bien des lecteurs objecteront que sur cent poulaillers, on n'en rencontre pas un qui réunisse la moitié des conditions qu'on vient de résumer comme nécessaires, et que néanmoins les volailles, beaucoup moins bien logées, y vivent, y pondent, y couvent et ne s'en portent pas plus mal. L'objection est prévue; on peut y répondre par une autre question: Quelle est la ménagère de la campagne qui retire de ses volailles toute la somme d'agrément et de profit qu'elle en pourrait obtenir?

En donnant avec détail l'exposé des conditions que doit réunir un bon poulailler, nous ajoutons avec confiance, parce que c'est sur l'expérience que sont basés nos conseils: suivez-les de point en point; ils n'exigent aucune dépense excédant les ressources à votre disposition; voici quel en sera le résultat : Vous ne perdrez pas une bonne partie des œufs de vos poules, pondus dans des cachettes où les rats et les belettes en font leur profit à vos dépens; vos jardins et les champs les plus rapprochés de vos habitations ne seront pas dévastés par le grattage continuel des poules. On peut trouver très-plaisant dans la comédie des *Plaideurs* qu'une cour de justice entende un rapport sur le foin que peut manger une poule en un jour; il n'en reste pas moins constant que la volaille livrée à son instinct de vagabondage, au lieu d'être tenue, comme nous le conseillons, dans un enclos attenant au poulailler, fait partout où elle pénètre des dégâts pour une somme beaucoup plus élevée que la valeur de ce qu'elle peut produire. Chez la volaille bien logée, les insectes ne peuvent pulluler, ce qui contribue au maintien de sa santé; de plus, il est facile à l'éleveur de recueillir en entier son engrais, égal en puissance fertilisante au meilleur guano. Chez la volaille mal logée, dont une partie perche où elle veut, pond où il lui plaît, et couve, pour ainsi dire, au hasard, que d'œufs perdus, que de jeunes poulets morts d'accidents, noyés, maltraités par les autres volailles, finissant par périr, uniquement parce qu'ils ne peuvent prendre leur juste part de la distribution commune ! On ne peut trop le répéter, ce n'est pas de l'argent qu'il faut dépenser, c'est du soin qu'il faut prendre. Un bon poulailler ne coûte pas plus à établir qu'un mauvais; il est pour moitié dans le bénéfice et la satisfaction que peut donner l'élevage des volailles.

CHAPITRE II.

DES DIVERSES RACES DE VOLAILLES.

Choix d'une race de volailles. — Poule à pattes grises de l'Ain. — A pattes blanches de la Sarthe. — Poule de Caux. — Races pour la production des œufs. — Produit moyen en œufs d'une bonne poule. — Produit maximum. — Races pour l'engraissement. — Volailles françaises. — Coq de combat. — Sa beauté. — Poule russe à pattes jaunes. — Volailles étrangères. — Poule noire d'Espagne. — Flamande de tous les jours. — Anglaise de Dorking. — Malaise. — De la Cochinchine. — Poules d'agrément. — Volailles de fantaisie. — Poule huppée de Hambourg. — Huppée de Pologne. — Crépue. — Naine de Bantam. — Propre à l'élevage des couvées de faisans.

Choix d'une race.

Pendant une longue suite de siècles, la poule, le premier des oiseaux domestiques d'Europe, a été traitée à peu près partout en France avec une négligence telle, qu'encore aujourd'hui on peut parcourir des départements entiers sans y rencontrer autre chose qu'un mélange de volailles de toute taille et de tout plumage, dont pas une ne ressemble à l'autre et qui n'appartiennent plus à aucune race distincte. Dans l'Ain, les volailles de forte taille, à pattes grises, pour l'engraissement; dans la Sarthe, la race à pattes blanches, pour la même destination; dans les départements de l'ancienne Normandie, *la poule de Caux*, dont les œufs s'exportent par millions pour l'Angleterre, sont des exceptions locales; il n'existe partout ailleurs rien de semblable.

Il est cependant fort important de bien choisir la race de volailles qui convient le mieux à chaque localité; une bonne poule ne consomme pas plus d'aliments qu'une mauvaise. Avant de passer sommairement en revue les races qui peuvent être élevées avec avantage en France, il est bon de donner un moment d'attention aux considérations qui doivent faire préférer une race à une autre. On peut se proposer comme but principal de l'élevage de la volaille, soit la production des œufs, soit celle des poulets; dans le premier cas, on adopte la race la meilleure pondeuse; dans le second, celle dont la chair est réputée la meilleure. En général, les poules les meilleures pondeuses sont peu disposées à couver; elles ne valent rien lorsqu'on a principalement en vue l'élevage des poulets. Une poule est considérée comme bonne pondeuse, lorsqu'elle donne en moyenne 200 œufs par an; les meilleures, d'après un grand nombre d'observations, ne dépassent pas 270; c'est le maximum de production des poules les plus fécondes. Supposons l'éleveur placé, comme celui de la Seine-Inférieure par exemple, à la porte d'un marché illimité d'exportation pour les œufs, à des prix suffisamment élevés: c'est à la race la meilleure pondeuse qu'il doit s'en tenir. En engraissant modérément le plus grand nombre de ses poules avant l'hiver, il les vendra au moins ce qu'elles lui auront coûté; il n'en gardera que quelques-unes pour avoir des œufs frais en hiver, en se basant, à cet égard, sur les facilités qui pourront être à sa portée pour bien nourrir et chauffer convenablement les poules réservées pendant l'hivernage; son poulailler sera tous les printemps repeuplé de jeunes poules de l'année précédente. Il aura, par conséquent, le plus grand nombre d'œufs avec le moins possible de déboursé. Supposons-le placé, au contraire, dans l'Ain ou dans la Sarthe, ayant le placement avantageux des volailles grasses pour la table et manquant de débouché pour les œufs à des prix élevés; c'est à une race à chair délicate qu'il doit s'en tenir, quand même cette race ne serait pas très-bonne pondeuse. On peut toujours réunir les éléments d'un calcul très-simple qui permet d'apprécier d'après ces données ce que peut rapporter dans telle ou telle localité une race pondeuse, comparée à une race à chair fine, et faire son choix en parfaite connaissance de cause. Dans tous les cas, ce qu'il y a de moins rationnel, n'eût-on que quelques poules pour l'usage d'une famille, c'est d'adopter sans examen, comme on le fait le plus souvent, les volailles habituellement élevées dans le canton qu'on habite, sans se préoccuper de leurs qualités bonnes ou mauvaises.

Volailles françaises. — Coq de combat.

Nous avons signalé le mérite spécial de la race des volailles de l'Ain (*poulardes de Bresse*) et de celles de la Sarthe (*poulardes du Mans*), comme volailles de table; on a vu que la *poule de Caux* a peu de rivales comme pondeuse; ce sont, sans contredit, les trois races françaises qui ont le plus de valeur au point de vue économique. Dans les départements au nord de la Somme, on retrouve à peu près pure la race antique du coq apporté d'Asie par les Celtes nos ancêtres, à une époque impossible à préciser; elle y est conservée pour un motif très-blâmable, assurément, qui la fait estimer à très-haut prix en Belgique, en Hollande et en Angleterre : c'est le *coq de combat*, dont les amateurs de gageures se servent pour alimenter la fièvre du jeu. Hâtons-nous d'ajouter que cette mode cruelle de faire combattre des coqs et de s'amuser à les voir se crever les yeux et se mettre en sang réciproquement, a presque complétement disparu du nord de la France. Le coq de combat est, de l'aveu des naturalistes, le plus parfait de formes et le mieux doué, quant au plumage, de tous les oiseaux de son espèce; il est au premier rang parmi les plus beaux oiseaux de la création. L'éloge qu'en fait un auteur anglais, M. W. Trotter, donne une juste idée des qualités qui distinguent ce bel animal :

« Son incomparable beauté, dit M. W. Trotter, offre un charme apprécié de tous les admirateurs des plus belles productions de la nature. On ne peut, en effet, se représenter un animal d'une beauté plus parfaite, lorsqu'il est de race pure, et qu'on le considère isolément, dans la plénitude de sa grâce et de sa parure. Tous ses mouvements sont aussi gracieux que les nuances de son plumage sont vives et éclatantes. Sa chair est de première qualité; la poule est bonne pondeuse, ses œufs ne sont pas très-gros; mais il n'y en a pas de meilleurs. »

Il n'y a rien à ajouter à cette juste appréciation des qualités du coq français par excellence. On rencontre dans les mêmes départements, à côté de cette race, une autre de plus grande taille, facile à distinguer par la couleur jaune clair de ses pattes; elle est désignée sous le nom vulgaire de *poule russe*, quoique rien ne donne lieu de présumer qu'elle soit originaire de Russie; ses œufs sont volumineux; mais elle n'est pas très-bonne pondeuse.

Volailles étrangères. — Poule noire d'Espagne.

La première de toutes les races étrangères est la *poule noire d'Espagne*, soit comme pondeuse, soit comme volaille de table; partout où l'on rencontre des poules noires, en France, elles ont plus ou moins de sang espagnol dans les veines. On reconnaît cette race au gris foncé couleur de plomb de ses pattes fines et allongées, et surtout à la peau toute blanche, souvent avec une teinte bleuâtre, des deux joues, qui se détache sur les plumes noires du cou, à reflet métallique : c'est le signe distinctif de la vraie poule d'Espagne. On la rencontre assez souvent, par hasard, mêlée à d'autres races sans nom, parmi lesquelles elle se soutient malgré tout; il est facile, en la tenant isolée, de la ramener à son type primitif.

Poule flamande de tous les jours.

Il faut placer au même rang, comme pondeuse, la *poule flamande*, dite *de tous les jours*, aux pattes grises, au plumage ondulé de deux gris différents, l'un clair, l'autre foncé. Elle doit son nom à cette particularité qu'elle couve rarement et que rien n'interrompt sa ponte, pas même l'hiver, quand elle est bien nourrie et logée chaudement. Elle l'emporte, comme pondeuse, même sur la poule de Caux; pour l'avoir dans toute sa pureté, il faut en faire venir des œufs du canton de Hoogstraeten, dans la Campine anversoise; elle y est l'objet de soins intelligents; elle s'y maintient sans mélange. La poule de tous les jours n'est pas seulement bonne pondeuse; les poulets de cette race sont excellents comme volailles de table.

Poule anglaise de Dorking.

La race des *poules de Dorking*, du comté de Surrey, en Angleterre, passe, dans la Grande-Bretagne, pour supérieure à toutes les autres quant à la finesse de sa chair, qui est en effet très-délicate; elle est de taille moyenne, au plumage tout blanc ou mélangé de blanc et de noir; elle se distingue par ses pattes qui ont invariablement cinq doigts, ce qui ne permet pas de la confondre avec les autres races.

Poule malaise.

Depuis quelques années les amateurs se sont pris de passion pour une très-grande race de volailles, importée de la presqu'île de Malacca en Angleterre, aujourd'hui répandue sur tout le continent. La hauteur des pattes, la petitesse de la tête presque dépourvue de crête, et l'absence de la queue chez le mâle, en font un oiseau fort disgracieux; ses œufs, d'une légère nuance chocolat, sont fort délicats; elle n'est que médiocre pondeuse. Les volailles de cette race sont très-volumineuses; mais leur chair ne vaut pas celle des bonnes races françaises de l'Ain et de la Sarthe.

Poule de la Cochinchine.

La *poule de la Cochinchine* est évidemment assez proche parente de la poule malaise; elle est beaucoup plus belle et d'aussi grande taille, bien qu'elle manque de grâce. « Le lourd coq cochinchinois, dit un auteur célèbre de nos jours, est sans queue, ridiculement jambé; il a l'air stupide et féroce; le coq cochinchinois pur sang demande beaucoup de soin; il craint nos longs hivers et devient goutteux de bonne heure. » Les beaux échantillons de cette race, d'un blanc pur ou d'un jaune nankin sans mélange d'autres nuances, se vendent à des prix excessifs par suite d'une vogue qui se soutiendra difficilement à cause du défaut de rusticité des jeunes poulets; ils prennent tard leurs plumes, et, pour réussir à les élever, il faut en prendre des soins tout particuliers; car les mères les abandonnent de très-bonne heure.

Les œufs de la poule de Cochinchine sont gros et de bon goût; cette poule est meilleure pondeuse que la poule malaise. Plusieurs auteurs, entre autres M. Walter, directeur du poulailler de Sa Majesté la reine Victoria, affirment que la poule de Cochinchine peut donner jusqu'à trois œufs dans un jour. Sans révoquer en doute un fait très-probablement accidentel et fort extraordinaire, attesté par des autorités respectables, nous devons dire seulement qu'il n'est pas à notre connaissance qu'en France, où l'on élève beaucoup de poules de Cochinchine, le même fait se soit jamais produit.

Poules d'agrément.

Nous mentionnons, seulement pour mémoire, les races de pur agrément qu'on pourrait nommer, comme les nomment les Anglais, des *volailles de fantaisie* (*Fancy Fowls*); elles n'offrent quelques avantages qu'aux éleveurs qui les font multiplier pour les vendre fort cher aux amateurs; aucune d'elles ne paye par ses produits les frais de son entretien; ce sont les races *huppées de Hambourg*, l'une blanche et noire, dite *argentée*, l'autre jaune et noire, dite *dorée;* la race *huppée de Pologne*, peu différente des précédentes, la race à plumes frisées blanches, dite *poule crépue*, et la *race de Bantam* ou *poule naine*, à peine aussi grosse que le pigeon commun de volière. Ces races, au point de vue économique, n'ont aucune valeur; quelques amateurs se plaisent à les élever pour leur agrément personnel. En les croisant entre elles ou avec les races décrites ci-dessus, on peut les faire varier à l'infini. Parmi ces races, la poule naine de Bantam, naturellement très-familière et douée de beaucoup d'intelligence, offre l'avantage précieux de ne pas *gratter* et de ne faire, par conséquent, aucun dégât dans les jardins. Dans les faisanderies, on élève toujours un certain nombre de poules naines de Bantam, en raison de leur qualité d'excellentes couveuses. On s'en sert pour faire éclore des œufs de faisan commun, argenté ou doré, ainsi que des œufs de colins et de perdrix. On sait que la perdrix abandonne ses œufs dès qu'on y a touché; lorsque, en fauchant les prairies artificielles, on trouve des nids de perdrix contenant des œufs, ils seraient perdus sans la poule naine de Bantam qui les couve, et soigne ensuite les jeunes perdreaux, comme elle soignerait des poulets de sa propre race. (Voyez *Faisanderie,* chap. XIII.)

CHAPITRE III.

DE LA MULTIPLICATION DES VOLAILLES.

Multiplication des volailles. — Choix des reproducteurs. — Croisements. — Amélioration des races par elles-mêmes. — Choix des œufs à faire couver. — Triage selon le volume. — Œufs mâles. — Œufs femelles. — Nombre d'œufs pour une couvée. — Soins pendant l'incubation. — Éclosion. — Soins à donner à la jeune couvée. — Bénéfice assuré produit par les volailles bien traitées. — Nécessité de rendre les volailles aussi familières que possible.

Choix des reproducteurs.

Il importe beaucoup au résultat définitif de l'élevage des volailles que la reproduction soit dirigée de manière à maintenir au complet les qualités recommandables de la race dont on a fait choix. Dans ce but, on place, dans un compartiment séparé du reste du poulailler, un coq avec quatre ou cinq poules de cette race, réunissant au plus haut degré les propriétés qu'on tient à conserver chez leur postérité. Les œufs de ces poules sont mis à part et donnés à couver, sans mélange avec les œufs des autres poules. Ce procédé, d'une exécution si simple et si facile, doit être invariablement suivi, avec persévérance, comme base de l'élevage rationnel et profitable de la volaille.

Croisements.

Si l'on élève des volailles de table et qu'on possède une race bonne couveuse et à chair délicate, mais à peau rude, ce qui peut nuire à la vente, on la croise avec la race noire d'Espagne qui lui donne, en une ou deux générations, la blancheur et la finesse de la peau ; ces qualités subsistent ensuite d'elles-mêmes sans renouveler les croisements, et sans altérer d'ailleurs les qualités de la race que les croisements ont servi à modifier, sous ce point de vue seulement. En général, il faut être bien sobre de croisements, s'attacher surtout au choix des reproducteurs les plus parfaits de chaque race, et améliorer autant que possible les races par elles-mêmes.

Choix des œufs à faire couver.

On ne peut trop insister sur les inconvénients de la méthode habituelle, ou mieux de l'absence de toute méthode, qui fait prendre indistinctement pour les couvées des œufs de toutes les poules de la basse-cour. Assurément, c'est un abus ruineux de nourrir un trop grand nombre de coqs. Il suffit, pour la production des œufs destinés à la vente, que les coqs, dans une basse-cour bien peuplée, soient, par rapport aux poules, dans la proportion de 1 à 15 ou même à 20 poules. Mais c'est à condition que les œufs pour la multiplication proviendront de reproducteurs de premier choix, tenus à part dans ce but d'une si haute importance.

Parmi ces œufs, il y a toujours un triage à faire ; ceux dont la grosseur est au-dessous de la moyenne, ou qui ne sont pas bien conformés, doivent être éliminés. Lorsqu'on a surtout en vue la production des poulets, il faut donner à couver de préférence les œufs de forme allongée ; ils contiennent le plus souvent des poulets mâles ; les œufs les plus arrondis donnent, au contraire presque tous des poules. Si l'on place l'œuf entre l'œil et la lumière, on aperçoit assez distinctement la bulle d'air contenue dans l'intérieur ; si elle est un peu de côté c'est un signe à peu près certain que l'œuf contient une poule; si la bulle d'air est juste au milieu du sommet de l'œuf, il contient un poulet mâle. Sans attacher à ces indications plus d'importance qu'elles n'en méritent, elles ont une valeur dont on doit tenir compte; elles peuvent réellement servir à obtenir dans les couvées un plus grand nombre de jeunes poules ou de poulets mâles, selon les vues de l'éleveur.

Nombre d'œufs pour une couvée.

Il arrive assez souvent dans les grandes fermes qu'une poule dépose ses œufs dans quelque réduit écarté, et qu'elle en revient un beau jour entourée d'une nombreuse famille. Les fréquentes observations de faits de ce genre donnent le chiffre des œufs pondus par des poules ainsi retournées à leurs habitudes naturelles, une moyenne de 11 à 16. C'est l'indication la plus précise du nombre d'œufs dont doit se composer chaque couvée. On en peut donner plus ou moins, selon la grosseur des œufs et le volume du corps de la poule couveuse. Il est rarement avantageux de faire couver, même aux plus grosses poules, au delà de 14 œufs. La poule noire d'Espagne, dont les œufs sont très-gros, n'en peut pas couver plus de 10; on en donne habituellement 14 à la poule flamande de tous les jours. Quand les œufs ont été bien choisis, qu'ils proviennent de reproducteurs de choix, qu'on peut par conséquent espérer à peu près un poule par œuf, il n'y a pas de bénéfice à placer plus de 12 œufs sous une couveuse.

Pendant l'incubation, les couveuses doivent jouir de la plus parfaite tranquillité; on place à leur portée de l'eau et des aliments pour qu'elles se dérangent le moins possible. Les portes du treillage qui sépare en deux l'intérieur du poulailler sont tenues constamment fermées; aucune autre volaille ne doit avoir accès dans le compartiment réservé aux poules couveuses.

Durée de l'incubation.

La durée ordinaire de l'incubation est de 21 jours; elle peut n'être que de 20 jours quand la température est chaude, et se prolonger jusqu'à 22 et 23 jours si la température vient à se refroidir. Les œufs conservés pendant un certain temps avant d'être couvés sont toujours plus lents d'un jour ou deux à éclore, que les œufs récemment pondus au moment où commence l'incubation. Il est très-important pour cette raison de mettre à part les œufs pondus chaque jour et destinés à être couvés; de cette manière on est en mesure de composer chaque couvée d'œufs pondus presque tous le même jour, ce qui donne la certitude que tous les poulets naîtront en même temps.

Éclosion.

Si le poulet a de la peine à se dégager de sa coquille, laissez-le faire; il finira toujours bien par venir à bout de se débarrasser; en cherchant à l'aider, vous ne pourriez que risquer de lui faire du tort.

S'il arrive qu'il se trouve à la fois dans une basse-cour un nombre de poules disposées à couver, en disproportion avec le nombre des œufs disponibles, il faut tenir renfermées et dans l'obscurité les poules qui ne doivent pas couver; une séquestration de quelques jours suffit pour leur en faire passer l'envie; au bout de ce temps, on peut les remettre avec les autres; elles ne tarderont pas à recommencer à pondre. En général, l'éleveur prévoyant sait à peu près, lorsqu'il a pris la peine de bien étudier les habitudes et les propriétés de la race ou des races dont sa basse-cour est peuplée, sur quel nombre de couveuses il peut compter; il prend ses mesures pour pouvoir profiter de la bonne volonté de toutes celles d'entre ses poules qui témoigneront par leurs gloussements l'intention de devenir mères.

Dans une basse-cour d'une importance moyenne, où quatre poules de premier choix avec un coq de leur race sont nourris à part dans le but d'employer leurs œufs exclusivement à la reproduction, on peut compter sur 100 œufs par poule et par an, soit 400 œufs, dont un quart environ est pondu trop tôt ou trop tard pour pouvoir être couvé. Il reste 300 œufs à couver, et si l'on est suffisamment pourvu de poules d'une race bonne couveuse, on obtiendra bien près de 300 éclosions. Dans le cas où ce nombre n'est pas en proportion avec l'importance de la basse-cour, les œufs des poules d'élite, à l'époque de l'incubation, sont facilement placés pour la reproduction à des prix plus élevés que le prix moyen des œufs destinés à la cuisine; il y a donc dans tous les cas un profit certain à suivre la méthode, que nous ne pouvons trop recommander, et à ne faire couver que des œufs provenant de reproducteurs doués au plus haut degré des qualités de leur race. Est-il un seul cultivateur qui ne fasse tous les sacrifices à sa portée pour se procurer les grains des meilleures céréales à l'époque des semailles? La bonne qualité des œufs est tout aussi nécessaire au succès de l'élevage de la volaille, que peut l'être la qualité supérieure du grain de semence pour le succès de la culture des céréales : c'est l'application rationnelle du même principe; et quant à la volaille, non-seulement cette application ne coûte rien, mais encore elle est dans tous les cas la source d'un bénéfice assuré.

Nous appelons, en terminant ce chapitre, toute l'attention des ménagères de la campagne sur un point d'une importance décisive et qu'elles perdent de vue trop souvent. La colonie d'animaux de service ou de rente qui fait partie essentielle de chaque exploitation, depuis le cheval et le bœuf jusqu'à la poule et au canard, doit avoir, pour rendre tout ce qu'on en peut espérer, la somme de bien-être compatible avec le genre de services en vue desquels elle est nourrie : c'est surtout à la ménagère à veiller à ce qu'autour d'elle personne ne s'écarte de cette règle. Un cheval maltraité tire mal et très-souvent se venge à coups de pied de son bourreau; une vache brutalisée refuse son lait; une poule effarouchée cache ses œufs et se prive de couver, sachant que sa postérité sera malmenée; tous les oiseaux de basse-cour obéissent à ce merveilleux instinct. De tous les animaux soumis par la domestication au domaine de l'homme, ce sont les oiseaux de basse-cour qu'il peut rendre le plus complétement heureux à leur manière; sans cela, il n'en doit espérer ni plaisir, ni profit.

CHAPITRE IV.

DE L'ÉLEVAGE ET DE L'ENTRETIEN DES VOLAILLES.

Régime alimentaire des jeunes poulets. — Mie de pain. — Pâtée. — Effet pernicieux de l'humidité sur les jeunes volailles. — Fréquence des repas. — Distribution peu abondante à chaque repas. — Lait caillé. — Pommes de terre cuites. — Eau très-propre. — Age auquel les poulets quittent leur mère. — Nourriture des volailles adultes. — Limaçons. — Vers de terre. — Débris de cuisine. — Avoine. — Orge. — Seigle. — Durée de la fécondité des poules. — Soins de propreté. — Colombine. — Sa valeur comme engrais. — Produit des volailles. — Maladies des volailles. — Pepie. — Aphthes. — Ciron. — Traitement.

Régime alimentaire des jeunes poulets.

Pendant la journée qui suit celle de l'éclosion, il ne faut au jeune poulet que de la chaleur qu'il trouve sous l'aile de sa mère : il n'a pas besoin d'aliments; on doit, par conséquent, se donner de garde de faire sortir du nid les poulets récemment éclos; ils savent bien en sortir d'eux-mêmes quand il en est temps.

La première nourriture distribuée aux poulets est ordinairement un peu de mie de pain blanc finement émiettée. En Angleterre, ils reçoivent pendant les quatre ou cinq jours qui suivent leur naissance, une pâtée faite de farine d'orge ou d'avoine pétrie par moitié avec des croûtes de pain trempées dans de l'eau. On ajoute à ce mélange un œuf cuit mollet et un peu de viande hachée très-fin. L'usage de cette nourriture très-substantielle hâte la première période de leur développement et les met promptement en état de supporter le contact de l'air extérieur. Ils ne doivent sortir que le troisième ou le quatrième jour, seulement pendant les heures les plus chaudes de la journée ; ce qu'ils redoutent par-dessus tout, c'est l'humidité. On veillera soigneusement à ce qu'ils ne puissent être mouillés par la rosée en courant à travers le gazon trop tôt le matin ou trop tard le soir. En cas de mauvais temps, la mère saura bien les ramener au logis ; on ne la laissera sortir de nouveau avec sa petite famille que quand la terre sera parfaitement ressuyée. Les jeunes poulets ne meurent pas toujours sous l'impression du froid et de l'humidité pendant leur première crise de croissance ; mais ils restent languissants, et tout en mangeant beaucoup, ils deviennent rarement de bonnes volailles.

On ne doit distribuer aux jeunes poulets que peu de nourriture à la fois; ils se donnent aisément des indigestions par gloutonnerie ; ils sont, à cet égard, comme les jeunes enfants qui voudraient toujours manger : il ne faut pas les écouter. Dès la fin de leur première semaine, on peut ajouter à leur régime du lait caillé et des pommes de terre cuites et écrasées, après quoi on leur donne du menu grain concassé, et on leur laisse chercher leur nourriture sous la conduite de la mère. Ils ont besoin de boire très-souvent, surtout quand ils sont bien nourris ; on tient constamment de l'eau à leur disposition dans des vases très-plats; car ils sont très-vifs, très-turbulents, et s'ils devaient boire dans un vase tant soit peu profond, ils y tomberaient à chaque instant. Quand même ils ne pourraient s'y noyer, le seul contact de l'eau pourrait leur faire contracter des maladies mortelles. Les poulets restent sous la conduite de la poule pendant environ six semaines; si l'on peut, au bout de ce temps, les placer séparément dans un enclos où ils ne soient pas tracassés par les volailles adultes, et les y laisser pendant un mois après qu'ils ont commencé à être livrés à eux-mêmes, ils profitent mieux et grossissent plus vite que lorsqu'ils sont continuellement avec les volailles qui peuvent abuser de leur force pour les tracasser et leur disputer leur nourriture.

Nourriture des volailles adultes.

Les volailles utilisent pour leur alimentation des substances de rebut qui n'ont aucune valeur vénale et ne conviennent pas à la nourriture d'autres animaux domestiques ; telles sont en particulier les criblures des grains infectés de charançons, qu'il ne faut donner aux poules que par petites quantités à la fois. Un peu de nourriture animale de temps en temps leur est très-utile; on peut, à cet effet, faire ramasser le matin ou après une ondée de pluie en été des limaçons et des vers de terre, dont les poules sont très-friandes. Dans le Midi, on leur distribue avec ménagement les chrysalides étouffées dans les cocons dont on a dévidé la soie ; elles s'en trouvent très-bien, à moins qu'on ne leur en donne de trop fortes rations. Le petit nombre de poules qui suffit à la production des œufs et de la volaille destinés à la consommation d'une famille, vit principalement de croûtes de pain et de débris de cuisine ; il suffit d'y ajouter par jour un peu d'avoine, à raison d'un demi-litre pour dix têtes de volailles.

Lorsque les poules sont nourries exclusivement au grain, c'est à l'avoine qu'on doit donner la préférence, en interrompant de temps à autre ce régime pendant un jour ou deux pour remplacer l'avoine par de l'orge ou du seigle. Ces changements sont nécessaires quand les volailles sont trop échauffées, ce dont on s'aperçoit aisé-

2.

ment, parce qu'alors leurs déjections sont moins abondantes et plus solides que de coutume.

Durée des poules pondeuses.

Il n'y a jamais d'intérêt à conserver trop longtemps les poules; elles sont pendant leurs deux premières années dans la plénitude de leur fécondité; plus tard, non-seulement elles produisent beaucoup moins, mais encore leur chair, même après qu'elles ont été engraissées, n'est pour ainsi dire plus mangeable. On ne doit conserver au delà de cet âge que les reproducteurs d'élite, qu'il serait difficile de remplacer et dont on cherche à tirer parti le plus longtemps possible; le reste de la basse-cour, si l'éleveur entend bien ses intérêts, sera renouvelé *tous les ans*. La somme des bénéfices est considérablement augmentée, lorsque le plus grand nombre des poules pondeuses ou couveuses est engraissé à l'automne de sa seconde année et vendu comme volaille de table, puis remplacé au printemps par des poules de l'année précédente. Aux environs de Paris et des autres grandes villes, il existe de grandes exploitations où des milliers de volailles sont entretenues, soit pour la ponte, soit pour la production des poulets : ces poules sont renouvelées tous les ans.

Il n'en est pas des volailles d'agrément comme des volailles de produit; une poule familière peut vivre en domesticité huit à dix ans et même au delà; lorsqu'elle approche de cet âge, il ne faut pas songer à utiliser sa chair, elle a cessé d'être mangeable.

Soins de propreté.

L'un des soins les plus nécessaires à la santé des volailles, c'est celui de faire régner dans le poulailler la propreté la plus recherchée. Le poulailler doit être garni de sciure de bois, de sable ou de cendres, et balayé au moins deux fois par semaine. Les jours de nettoyage, les perches sur lesquelles les volailles se juchent pour passer la nuit seront grattées une à une avec un couteau, puis remises en place. La main-d'œuvre dépensée pour cette utile opération est largement payée par l'engrais que donnent les volailles tenues proprement; on met à part, à l'abri de l'humidité, les balayures du poulailler; c'est de la *colombine*, engrais peu abondant, mais très-énergique; sa puissance fertilisante est égale à celle du meilleur guano. Les volailles dont on néglige de nettoyer l'habitation contractent le *piétin* ou maladie des pattes, en marchant dans leurs déjections et en passant les nuits sur des perches qui en sont enduites; la malpropreté favorise aussi la multiplication des insectes parasites qui les tourmentent et les font maigrir.

Produit des volailles.

On a tant de fois imprimé que les volailles bien nourries coûtent plus qu'elles ne rapportent, qu'il est nécessaire de réfuter cette erreur par des faits positifs. Parmi les expériences souvent répétées pour éclaircir la question du produit des volailles, en voici une qui a eu beaucoup de retentissement, parce qu'elle a été faite avec toutes les garanties possibles d'authenticité. Un riche propriétaire-cultivateur des environs de Paris a mis à part dans un local isolé 40 volailles, 36 poules et 4 coqs, de races mélangées. Du 1er février au 1er octobre, il en obtint 3,159 œufs, et il dépensa pour leur nourriture 126 fr. 65 c. La vente des œufs produisit 190 fr. 15 c., ce qui représente un bénéfice de 63 fr. 50 c. La colombine, soigneusement recueillie, représentait et au delà la valeur de la main-d'œuvre employée à soigner les volailles; elles avaient d'ailleurs à la fin de l'expérience autant de valeur qu'au commencement, et pouvaient être revendues au prix d'achat ou même avec un léger bénéfice. Il faut remarquer que l'expérience ayant uniquement pour but le prix de revient de la production des œufs, pas une des 36 poules n'a couvé : si la moitié des 36 poules avait mené à bien une couvée de 8 à 10 poulets, donnant pour résultat 144 à 180 jeunes volailles, le compte de l'expérience se serait soldé par un bénéfice encore plus important. On remarquera aussi que, sans grossir les frais d'un centime, on pouvait choisir des volailles toutes de la même race, toutes également bonnes poudeuses, tandis que sur les 36 poules observées, la moitié a donné un quart ou un tiers d'œufs de moins que les meilleures, rien n'empêche l'éleveur de nourrir exclusivement les poules les meilleures, selon leur destination.

Prenons pour exemple, sans sortir de la réalité, une basse-cour peuplée de 100 poules, plus, 4 uniquement pour la production des œufs destinés à être couvés. Ce nombre nécessitera l'entretien supplémentaire de 8 coqs, soit en tout 112 têtes de volaille. Dans la plupart des départements, on peut acheter des volailles d'un an, de bonne race, au prix moyen d'un franc la pièce; c'est donc un déboursé de 112 francs; si les volailles ont été élevées à la ferme, leur prix de revient est un peu moindre. La moitié des poules couvera; on aura par conséquent 50 couvées qui, si chaque poule couve 12 œufs, produits dans les meilleures conditions, et qu'elle soit d'ailleurs l'objet de soins assidus et intelligents, donneront en moyenne 8 poulets, soit 400 têtes de jeunes volailles. Les poules qui couvent ne peuvent pas donner au delà de

60 œufs par an; quelques-unes peuvent mener à bien une seconde couvée; mais il vaut mieux, en général, qu'elles recommencent à pondre que de leur faire donner tardivement naissance à des poulets surpris encore trop jeunes par la mauvaise saison et dont, pour ce motif, une partie ne s'élève pas.

Les poules qui n'auront pas couvé donneront 100 œufs par an; le résultat brut de l'opération sera, par conséquent, 400 poulets et 8,000 œufs. La nourriture des volailles, d'après les bases ci-dessus indiquées, ne coûtera pas plus des trois quarts du prix vénal de ces produits, en supposant que l'éleveur doive acheter à prix d'argent ce qu'il leur donne à manger; mais c'est ce qui n'arrive jamais. Une grande partie des aliments des volailles consiste en matières impossibles à utiliser d'une autre manière; le reste est pris sur les produits des champs dépendant de l'exploitation. C'est, selon les cultures de chacune de nos régions agricoles, de l'avoine, de l'orge, du seigle, du sarrasin ou du maïs à poulets. A la fin de la belle saison, les volailles bien nourries et en bon état vaudront un peu plus que leur prix d'achat; les 400 volailles nouvelles vaudront 400 francs. Sans poser ici des chiffres variables d'année en année pour chaque canton, il résulte de ce qui précède que, si les négligents et les maladroits peuvent perdre sur l'élevage et l'entretien de la volaille, les gens soigneux et intelligents y gagnent toujours, même en faisant une large part aux circonstances accidentelles qui peuvent influer sur les prix. Si, par exemple, les grains sont chers, les œufs et la volaille coûtent plus cher à produire, mais ils se vendent mieux, et le résultat de l'opération reste le même.

Donc, nous le répétons, en présence des faits que tout le monde peut soumettre à la sanction de l'expérience, l'élève et l'entretien des volailles, conduits d'après les principes rationnels et d'une application facile, que nous avons exposés, sont des opérations largement profitables.

Maladies des volailles.

La plupart des maladies qui déciment les volailles sont dues exclusivement au défaut de soin de la part de ceux qui les élèvent; *la diarrhée*, si souvent funeste aux jeunes poulets, n'a pas d'autre cause; elle peut toujours être évitée ou promptement guérie, rien qu'en préservant les couvées des atteintes du froid et de l'humidité. Le *piétin*, ou maladie des pattes, dont tant de volailles adultes sont atteintes dans les basses-cours mal tenues, peut être prévenu rien que par les soins de propreté précédemment indiqués. Parmi les autres maladies auxquelles les volailles sont sujettes, les plus communes sont la *pépie*, les *aphthes* et le *ciron*.

La *pépie* se manifeste sous la forme d'une pellicule mince, blanchâtre, adhérente à la langue; elle est fréquente chez les volailles qui, manquant d'eau propre pour s'abreuver, sont forcées d'étancher leur soif dans de l'eau croupie ou corrompue. Dès qu'on soupçonne, à l'état de langueur des oiseaux et à leur défaut d'appétit, qu'ils sont atteints de cette affection, il faut visiter l'intérieur du bec, et, si la maladie existe, enlever la pellicule qui n'adhère pas fortement, faire avaler quelques gouttes de lait doux tiède aussitôt après l'opération, et ne recommencer à distribuer des aliments que quelques heures plus tard, quand l'appétit de l'oiseau commence à revenir. Il faut observer que, quoique ce traitement réussisse toujours, les mêmes causes produisant les mêmes effets, le mal revient si l'animal, quoique très-bien guéri, est replacé sous l'influence des mêmes causes qui avaient fait naître la pépie une première fois; les rechutes sont souvent mortelles.

Les *aphthes* ou ulcères blanchâtres qui ont leur siége aux angles de l'ouverture du bec, sur le voile du palais et dans les narines, ont souvent des conséquences très-graves dans les basses-cours peuplées d'un grand nombre de volailles, parce que cette affection est contagieuse. Le seul remède qu'on lui oppose, et qui ne réussit pas toujour, consiste à frotter, à l'aide d'un pinceau, les parties malades, avec du vinaigre. Pour en obtenir de bons résultats, ce traitement doit être accompagné d'une distribution d'aliments rafraîchissants; on offre spécialement aux poules des herbes fraîches hachées et des feuilles de laitue. Les aphthes des volailles sont le plus souvent le résultat de l'usage trop prolongé d'une nourriture échauffante.

Le *ciron*, résultat fréquent des mêmes causes qui font naître les *aphthes* et la *pépie*, consiste dans un bouton d'abord rouge, puis blanchâtre, qui se forme à la base du croupion. Dès que le ciron est devenu mou et blanc, on le fend avec une lame de canif bien affilée, puis on presse doucement la plaie pour la nettoyer : elle se cicatrise ensuite d'elle-même. Les volailles guéries du ciron sont, pendant quelques jours, soumises au régime rafraîchissant indiqué plus haut ; après quoi il n'y paraît plus.

On ne peut trop insister sur ce point, que la mortalité effrayante qui survient si souvent dans les basses-cours très-peuplées, et qui dégoûte bien des cultivateurs de l'élevage en grand des volailles, provient, neuf fois sur dix, de soins mal dirigés ou de l'absence de toute espèce de soins.

CHAPITRE V.

DU DINDON.

Du dindon. — Espèces et variétés. — Noirs. — Blancs. — Bronzés. — Noir de Norfolk. — Gris. — Blanc de Belgique. — Instinct du dindon. — Multiplication. — Ponte. — Durée de l'incubation. — Durée de la fécondité des reproducteurs. — Élevage des dindonneaux. — Poulets éclos avec les dindonneaux; leur apprennent à manger seuls. — Pâtée. — Ortie hachée. — Lait caillé. — Mie de pain. — Farine d'avoine. — Crise du rouge. — Pâtée à l'oignon. — Nourriture au pâturage jusqu'à l'engraissement.

Espèces et variétés.

Le dindon n'est pas seulement le plus gros de nos oiseaux de basse-cour; c'est aussi celui dont l'élevag en grand peut procurer le plus de bénéfices lorsqu'il est bien dirigé. On doit faire observer à ce sujet que le dindon, bien qu'il soit assez sensible au froid, peut être multiplié avec avantage sur tous les points de notre territoire, sans exception. En général, on n'élève cet oiseau sur une grande échelle que dans nos départements du sud et du centre; dans le nord et le nord-est on le néglige par la persuasion où sont les habitants de ces parties de la France, que le climat ne lui est pas favorable. Il suffit, pour démontrer combien cette opinion est peu fondée, de signaler les nombreux troupeaux de dindons gris et blancs élevés en Belgique, dans les provinces du Hainaut, de Namur et de Liége, au nord de nos départements les plus septentrionaux.

On élève en Europe trois variétés de dindons, distingués par la couleur de leur plumage, *noir*, *bronzé* et *blanc*, ou mêlé de gris et de blanc. Les *noirs* sont les plus gros; les *blancs*, un peu moins volumineux, sont plus rustiques et moins sensibles au froid; les *bronzés* passent pour avoir la chair la plus délicate; ces derniers sont ceux qui conservent le plus de ressemblance avec l'espèce sauvage primitivement importée de l'Amérique du Nord en Europe au seizième siècle.

Bien qu'il y ait en France de très-belles races de dindes, la plus belle race d'Europe n'est pas en France; c'est celle du comté de Norfolk en Angleterre. Le dindon de Norfolk est, comme celui de l'Indre et du Cher, d'un noir lustré, à reflets métalliques; les éleveurs anglais font venir tous les ans d'Amérique de jeunes dindons sauvages pris au nid dans les bois; ils s'en servent pour croiser la race de leur pays : c'est ce qui maintient sa supériorité. Les dindons du Norfolk arrivent habituellement au poids de 8 à 12 kilog.; il n'est pas rare d'en voir qui pèsent 18 à 20 kilog. Les éleveurs français peuvent aisément faire venir des œufs de cette race, lorsqu'ils habitent des pays de plaines très-fertiles; si leur climat local est froid et que le sol ne soit que d'une fertilité médiocre, ils peuvent adopter avec plus d'avantage la race grise et blanche de Belgique, dont il est également facile de se procurer des œufs ou des individus de choix pour la multiplication.

Le dindon ne mérite pas sa réputation de stupidité; il est très-attaché à ceux qui le soignent, et combat jusqu'à la mort pour les défendre; il est sous ce rapport fort dangereux d'exciter contre lui des chiens, auxquels il sait fort bien crever un œil ou deux pour les mettre hors de combat; car il lui arrive rarement de reculer ou de refuser le duel. On lui reproche avec raison d'avoir un mauvais caractère et de se quereller fréquemment avec les autres vollailles, dont on doit le tenir séparé dans la crainte qu'il n'abuse de la supériorité de sa force. Il conserve souvent en domesticité l'habitude, qui lui est naturelle à l'état sauvage, de rechercher les œufs de sa femelle pour les détruire : c'est en raison de cette connaissance des mœurs du mâle que la dinde cherche toujours à cacher son nid; à l'époque des couvées, ces mauvais instincts nécessitent une surveillance assidue, sans quoi la multiplication pourrait en être sigulièrement entravée.

Multiplication.

La dinde n'a pas, comme la poule, un besoin habituel de la société du mâle; il suffit qu'elle le fréquente une fois seulement, en février ou mars, pour que tous les œufs soient parfaitement fécondés. Il en résulte une économie notable pour l'éleveur dans les pays où la multiplication en grand du dindon est considérée comme une branche importante de l'économie rurale. Il n'y a dans chaque canton qu'un certain nombre de mâles près desquels les troupeaux de dindes femelles sont conduits tour à tour au printemps. La poule-dinde ne pond pas avec la même régularité que la poule commune. Les unes pondent deux jours de suite, et recommencent après un ou deux jours d'interruption; les autres pondent, comme la plupart des poules, tous les deux jours; mais le plus grand nombre pond à divers intervalles, sans aucune régularité. Le nombre des œufs de chaque ponte varie de 16 à 20; il ne faut pas donner plus de 12 œufs à couver à une dinde : c'est tout ce qu'elle en peut mener à bien.

Dans la saison de la ponte, on doit tâter une à une les dindes avant de les laisser sortir, et retenir au logis celles qu'on présume devoir pondre dans la journée;

faute de cette précaution, malgré la surveillance la plus active, plusieurs dindes iraient pondre à l'écart, et l'on perdrait une partie des œufs. Ceux de la ponte de chaque jour doivent être marqués et mis à part, afin que chaque couvée se compose, autant que possible, d'œufs du même jour.

Durée de l'incubation.

La dinde couve de 28 à 30 jours; l'incubation est un peu plus courte pendant les grandes chaleurs, et un peu plus longue quand elle a lieu de bonne heure, alors que la température n'est pas encore très-chaude. La plupart des dindes couvent avec une assiduité telle, qu'il faut les enlever du nid pour leur faire prendre de la nourriture et un peu d'exercice qui leur est absolument nécessaire; leurs œufs ne peuvent pas rester découverts au delà de 15 à 20 minutes. Lorsque plusieurs dindes couvent à la fois et que leurs œufs éclosent en même temps, il n'y a aucun inconvénient à donner deux familles de dindonneaux à conduire à une seule mère; celle qu'on sépare de ses petits n'y pense plus au bout de quelques jours de séquestration; elle recommence à pondre et termine de bonne heure sa seconde couvée. Il importe beaucoup au succès des secondes couvées qu'elles soient faites de bonne heure; en adoptant la méthode de réunir deux familles en une sous la conduite d'une seule mère, la moitié des secondes couvées s'accomplit sans retard et réussit aussi complétement que les premières. Les jeunes dindes nées des secondes couvées sont aptes à la reproduction dès le printemps de l'année suivante.

Durée des reproducteurs.

Les bons reproducteurs des deux sexes sont, en général, assez rares pour que les plus parfaits de formes soient conservés le plus longtemps possible; dans l'usage ordinaire, on ne les garde pas plus de 3 ou 4 ans.

Élevage des dindonneaux.

Le dindonneau, au sortir de l'œuf, est relativement plus délicat que le poulet à sa naissance; quelque difficulté qu'il paraisse éprouver à sortir de sa coquille, il ne faut pas chercher à l'en débarrasser : ce serait risquer de le tuer. C'est surtout au moment de l'éclosion qu'il faut se garder de déranger la mère ou de laisser approcher de son nid des gens qu'elle n'a pas l'habitude de voir. Pour peu qu'elle éprouve la crainte qu'on ne lui prenne ses petits, elle les presse sous ses ailes avec tant de force qu'il lui arrive assez souvent d'en étouffer quelques-uns.

Le poulet-dinde à sa naissance se montre aussi lent dans ses mouvements et aussi stupide que le jeune poulet est vif et réveillé. Beaucoup d'éleveurs ouvrent de force le bec des dindonneaux afin d'y introduire des aliments; d'autres se contentent de leur plonger le bec dans du lait doux et tiède pour les contraindre à boire. Rien de tout cela n'est nécessaire; le jeune dindonneau n'a pas un besoin réel de nourriture, tant qu'il ne se décide pas à prendre de lui-même celle qu'on lui offre. Quant à la boisson, il suffit de tremper un doigt dans du lait et d'en laisser couler une goutte sur le bec du dindonneau; quand même il le tiendrait fermé, il pénétrera toujours un peu de lait sur sa langue; dès qu'il sera pressé par la faim et la soif, il saura bien se mettre à manger et à boire; quand son instinct ne l'y porte pas, c'est qu'il n'en a pas un urgent besoin; il y a moins d'inconvénient à laisser le jeune oiseau souffrir un peu qu'à risquer de le blesser ou de le mouiller; l'humidité lui est excessivement nuisible pendant toute la première période de son développement.

En Angleterre, on emploie, pour hâter le moment où les dindonneaux se décident à manger, un moyen qui mérite d'être signalé. Le septième jour de l'incubation, on introduit parmi les œufs de la dinde, tandis qu'elle prend son repas, deux œufs de poule, de sorte que ces œufs éclosent précisément en même temps que les autres. Les dindonneaux, en voyant les jeunes poulets manger et boire dès le lendemain de leur naissance, n'attendent pas, pour suivre leur exemple, qu'une faim pressante les y détermine.

La meilleure pâtée à offrir aux dindonneaux quand ils commencent à manger, est composée de farine d'avoine, de mie de pain et de feuilles de pissenlit ou de jeunes pousses d'orties finement hachées. Le tout est pétri en consistance de pâte molle avec un peu d'eau tiède et un œuf cuit mollet. Cette nourriture, lorsqu'elle est aigrie, peut nuire aux dindonneaux; il ne faut en préparer que peu à la fois et la leur présenter souvent; ils profitent mieux des aliments lorsqu'ils n'en prennent qu'une petite quantité à chaque repas.

Bien que, dans la plupart des pays où l'on élève des dindons, l'ortie soit regardée comme indispensable à leur nourriture pendant l'élevage, l'expérience a démontré que, principalement dans les départements au nord du bassin de la Seine, les feuilles de pissenlit doivent être préférées; elles les préservent de la plupart des maladies auxquelles ils sont sujets dans leur premier âge. Après chaque repas, les dindonneaux ont besoin de boire; on leur donne habituellement de l'eau pure, et une ou deux fois par semaine, au lieu d'eau, du lait de beurre, qu'ils boivent avec empressement. Si l'on s'aperçoit, à la rareté et à la dureté de leurs excréments, qu'ils sont trop échauffés, on leur offre de temps en temps un peu de fromage mou, ou simplement du lait caillé, qu'ils aiment beaucoup. A mesure qu'ils grossissent, on diminue dans la pâtée des dindonneaux la proportion de la mie de pain et de la farine d'avoine, remplacées par une égale proportion de farine d'orge; à l'âge de 8 à 9 semaines, il ne doit plus entrer que de la farine d'orge dans leur pâtée, avec une petite quantité de pommes de terre cuites à l'eau. Jusqu'à cet âge de 9 semaines, les dindonneaux craignent l'humidité encore plus que les jeunes poulets; on doit leur affecter une division séparée du poulailler, et prendre toutes les précautions possibles pour en exclure l'humidité, soit sur le pavé, soit sur les murs; jamais ils ne doivent en sortir, non-seulement quand il pleut, mais même quand il règne seulement un léger brouillard. A 9 semaines, les plumes des dindonneaux sont formées; ils sont, comme on dit, passablement vêtus; une petite pluie passagère glisse sur ce premier vêtement, et ne leur cause plus de préjudice. Avant cette époque, et même une quinzaine de jours après, il est prudent d'éviter de les exposer à l'action du soleil d'été, au moins pendant la plus forte chaleur du jour.

La dinde conduit et soigne sa couvée avec beaucoup d'affection; elle est souvent secondée par le coq-dinde, qui semble prendre plaisir à se trouver au milieu de sa jeune famille; il la dirige, il la défend au besoin, ce que le coq ne fait jamais, à moins qu'il n'ait été castré et ne soit passé à l'état de chapon; en un mot, il a l'instinct de la paternité très-développé. Mais tous les dindons ne sont pas également bons pères de famille; ceux qui querellent leurs femelles et cherchent à les déranger pendant qu'elles couvent doivent être éloignés des jeunes dindonneaux auxquels ils ne témoigneraient aucune affection. C'est à l'éleveur à étudier, sous ce rapport, le caractère de ses dindons et à les gouverner en conséquence.

Il y a dans l'élevage des dindonneaux un moment critique; c'est celui auquel leur mère les abandonne pour faire sa seconde ponte et recommencer à couver. C'est alors que se développent sur la tête et le cou les *caroncules* ou excroissances dépourvues de plumes, ce qui n'a pas lieu sans qu'ils passent par une crise plus ou moins dangereuse; on dit alors vulgairement que le dindonneau *prend le rouge*. Il y a des années où le printemps et le commencement de l'été sont froids et humides; dans ce cas, on peut perdre *les deux tiers* des jeunes dindonneaux dans la crise du rouge. Les accidents de ce genre sont surtout fréquents en Angleterre; c'est aussi en Angleterre que le remède le plus efficace à employer pour leur faire traverser sans danger ce moment difficile de leur développement a été inventé par la reine Victoria elle-même. Sa basse-cour, dont elle se plaît à prendre soin personnellement, était annuellement décimée par une grande mortalité qui sévissait sur les jeunes dindons, principalement de juin en juillet. Après avoir essayé inutilement de diverses recettes, Sa Majesté remarqua que les dindonneaux malades recherchaient dans les épluchures de légumes des oignons qui commençaient à pousser; elle leur en fit donner en hachant l'oignon et ses feuilles pour les mêler à leurs autres aliments; dès lors, la mortalité s'arrêta. Le même effet salutaire de l'oignon distribué aux dindonneaux, pendant qu'ils prennent le rouge, se reproduisit constamment; ce résultat fut publié dans les journaux agricoles de la Grande-Bretagne, et l'usage d'uu remède d'une efficacité éprouvée fut adopté partout.

Un agronome distingué, M. Jourdier, a fait connaître ce procédé en France par une note insérée dans le *Journal d'Agriculture pratique*.

« En ce qui me concerne, dit M. Jourdier, j'ai fait l'épreuve de cette recette à mon entière satisfaction; tous les dindonneaux élevés à ma ferme ont été soumis à cette alimentation composée de pain trempé, d'œufs durs et d'oignons par parties égales, hachés ensemble; à la fin du premier mois, les œufs peuvent être supprimés; tous les élèves, *moins un*, ont passé cette période si funeste du rouge sans paraître incommodés. »

« Les dindonneaux sont extrêmement friands de cette nourriture. Ils l'attendent avec impatience et la reçoivent avec une joie turbulente; les parties blanches de l'oignon sont les premières mangées, la hampe vient ensuite, et sur la fin du repas, il ne reste que le pain qu'ils finissent aussi par manger, affriandés qu'ils sont par le goût qu'il a contracté par son contact avec l'oignon. »

Une fois que les dindons ont pris le rouge, ils deviennent aussi rustiques qu'ils étaient précédemment délicats; ils mangent, pour ainsi dire, de tout ce qui peut se manger, en quantité souvent prodigieuse, sans jamais avoir d'indigestion. On sait qu'après de nombreuses expériences, le célèbre physiologiste italien Spallauzani constata que de tous les animaux connus, le dindon est celui dont l'estomac possède les facultés digestives les plus puissantes. On utilise cette faculté particulière du dindon dans plusieurs circonstances, où aucun autre oiseau domestique ne pourrait rendre le même genre de service. Il serait dangereux, par exemple, pour les poules, de les laisser courir dans les champs de céréales infestés de petites limaces grises et brunes, elles en mangeraient avec excès et pourraient en mourir. Les troupeaux de dindons mangent des limaces à discrétion et ne s'en portent que mieux. On leur fait suivre la charrue quand le laboureur entame après l'hiver des champs infestés de larves de hannetons (vers blancs). Pas une de ces larves ne leur échappe : ce sont autant d'ennemis de moins.

Quand le dindon peut être conduit aux champs où il vit en partie du pâturage, en partie des insectes qu'il recherche avec un soin minutieux et qu'il digère sans difficulté, même les plus caustiques, la seconde partie de son élevage ne coûte que peu de chose et l'on en obtient un bon prix, soit qu'on vende les dindons maigres à ceux qui se proposent de les engraisser, soit que l'éleveur veuille les engraisser lui-même. (Voyez *Engraissement*, ch. IX.)

CHAPITRE VI.

DE L'OIE, DU CANARD ET DU CYGNE.

Oies. — Espèces et variétés. — Oie commune. — Du Capitole. — Bernache, oie d'Égypte. — Multiplication de l'oie. — Ses avantages. — Race blanche préférable dans le Nord. — Grise, meilleure dans le Midi — Oie mâle, ou jars. — Instinct de l'oie. — Deux pontes par an. — Incubation. — Élevage des oisons. — Nourriture au pâturage. — Récolte des plumes et du duvet. — Oies sauvages rendues domestiques. — Canard. — Espèces et variétés. — Multiplication. — Ponte. — Incubation. — Élevage des canetons. — Cygne. — Son instinct. — Multiplication. — Élevage.

Oies. — Espèces et variétés.

Il n'existe en France qu'une seule espèce d'oie domestique, dont les deux principales sous-variétés sont celle à plumage d'un blanc pur et celle d'un gris brun clair sous le ventre, plus foncé sur le dos et sur les ailes. L'oie brune foncée, dite *du Capitole*, et l'élégante oie d'Égypte ou *Bernache*, ne sont que des oiseaux d'agrément.

Multiplication.

Il n'y a pas d'oiseau de basse-cour dont on puisse obtenir plus de bénéfice que n'en procure la multiplication de l'oie, avec très-peu de peine, de dépense et d'embarras, partout où elle peut avoir une eau courante ou stagnante à sa disposition. Elle donne, outre sa chair, un produit secondaire, sa plume mêlée de duvet, produit qui, pour le propriétaire d'une troupe d'oies un peu nombreuse, n'est pas sans importance. Dans certains cantons, on élève exclusivement l'oie d'un blanc pur; dans d'autres, on accorde la préférence à l'oie grise; il n'y a aucun motif fondé pour adopter l'une plutôt que l'autre; quelques observations tendent néanmoins à faire regarder l'oie blanche comme plus productive dans le Nord et la grise comme un peu plus avantageuse dans le Midi.

L'oie mâle est désignée sous le nom de *Jars;* on ne doit pas donner plus de 4 à 5 oies à un jars, sous peine de n'avoir que des œufs en grande partie stériles, et de n'obtenir que quelques oisons par couvée. A moins qu'un jars ne soit d'une beauté hors ligne, on ne le conserve pas plus de deux ou trois ans; au delà de ce terme, il devient difficile à engraisser; sa chair est coriace et de peu de valeur. L'oie peut servir pendant cinq à six ans à la reproduction, sans diminuer de fécondité; aussi, dans beaucoup de fermes, est-on dans l'usage de conserver très-longtemps de vieilles oies, surtout lorsqu'elles sont devenues familières; car elles s'attachent aux gens de la maison comme le chien le plus fidèle. Ce sont surtout ces vieilles oies qui, douées d'une grande finesse d'ouïe, donnent pendant la nuit l'alarme au plus léger bruit du dehors et signalent l'approche de tout étranger par leurs cris éclatants, tandis que les gens de la ferme peuvent entrer et sortir à toute heure de nuit sans que les oies semblent s'en mettre en peine. On voit à quel point est faux le proverbe qui dit : *Bête comme une oie.* Cet oiseau n'a de stupide que sa physionomie, qui est en effet peu intelligente, ce qui ne l'empêche nullement de faire preuve d'un instinct très-développé.

Incubation.

Sous le climat de Paris, l'oie commence à pondre vers

la fin de février ou dans les premirs jours de mars. Il est indispensable de conduire à l'eau de bonne heure chaque matin les oies et les jars pendant la quinzaine qui précède l'époque de la ponte. Le froid, souvent assez vif, qui règne en cette saison, ne met obstacle ni à la ponte, ni à l'incubation, ni à l'éclosion des œufs. Mais quand, par suite de froids tardifs, les oisons viennent à naître par un temps glacial, on doit les tenir renfermés dans un local où règne une bonne température. M.W.Trotter cite dans sa propre pratique un exemple remarquable d'élevage d'oisons sous l'empire d'une température très-défavorable.

« Je me souviens, dit cet auteur, d'avoir eu une couvée d'oisons éclose alors qu'une couche épaisse de neige couvrait la terre. La neige resta une quinzaine de jours sur le sol, et il me fallut, pendant tout ce temps, tenir mes oisons renfermés. L'herbe étant une partie indispensable de la nourriture des jeunes oisons, je fus obligé de faire couvrir de gazons le sol du local où je tenais les miens à l'abri du froid. »

Quand les oies se disposent à pondre, on en est averti en les voyant rassembler des brins de paille pour se former un nid, et becqueter le crépissage des murs revêtus d'un enduit calcaire dont elles détachent et avalent des fragments. C'est dans le local même où l'oie est habituée à passer la nuit qu'on lui prépare un nid où elle vient pondre tous les deux jours avec assez de régularité. Les œufs sont enlevés à mesure et mis à part jusqu'au moment où l'oie manifeste des dispositions à couver. Bien que plusieurs auteurs aient avancé, en se copiant réciproquement, que l'oie peut pondre de 40 à 50 œufs, le fait est que l'oie ne donne pas à la première ponte plus de 12 à 14 œufs et 10 à 12 à la seconde. La raison principale pour laquelle les œufs de l'oie doivent être enlevés du nid à mesure qu'ils sont pondus, c'est que ces œufs, une fois que l'incubation est commencée, ne peuvent pas rester découverts au delà de 10 à 12 minutes. L'oie, avant de prendre sa résolution définitive de rester sur son nid, s'y tient pendant deux ou trois jours, seulement une partie de la journée. Si les œufs s'y trouvaient à ce moment, ils éprouveraient des alternatives de chaud et de froid qui feraient périr les germes, et le résultat de l'incubation serait nul. Les œufs ne sont replacés dans le nid que quand l'oie s'y est tenue la plus grande partie de la journée, un ou deux jours de suite. Dès lors, pourvu qu'on ait soin de placer tout près d'elle de l'eau et des aliments, on peut être assuré qu'elle ne laissera pas ses œufs se refroidir. Les oisons, quelle que soit la température extérieure, éclosent très-régulièrement du vingt-neuvième au trentième jour. L'oie, bien nourrie, fait une seconde ponte et mène à bien une seconde couvée avant la fin de l'été.

Élevage des oisons.

L'oison naît couvert d'un épais duvet qui le préserve du froid et de l'humidité; il est plus rustique et réclame moins de soins au moment de sa naissance que les autres oisons de basse-cour. Si, à l'époque de l'éclosion des œufs d'oie, la température extérieure ne semble pas suffisamment chaude, on renferme l'oie et sa couvée dans un local à l'abri du froid, pendant quelques jours. Les premiers aliments des oisons nouveau-nés se composent de mie de pain, de poireau haché, de pommes de terre cuites écrasées. Les pommes de terre doivent leur être distribuées, non pas précisément chaudes, mais encore tièdes; on y peut ajouter un peu de lait caillé. A l'âge de huit ours, si le temps est seulement passable, les oisons vont à l'eau sous la conduite de la mère, ils pâturent l'herbe naissante et prennent leur part de la ration distribuée aux oies adultes ; il n'est plus nécessaire de s'en occuper, si ce n'est pour leur donner à manger.

L'oie, dès qu'elle a passé la première période de sa croissance, se nourrit principalement au pâturage ; elle ne rebute pas l'herbe la plus grossière, bien qu'elle sache très-bien choisir la meilleure lorsqu'elle a le choix. Quand sur le bord des eaux ou dans les prés marécageux les oies passent au travers des grandes herbes, portant des épis de graines toutes formées, elles font très-adroitement glisser ces herbes entre leur bec à demi ouvert, afin d'arrêter l'épi et d'en avaler les graines, ce qu'elles font par un mouvement de tête qui leur est particulier. Quand l'oie est affamée, elle peut absorber des quantités incroyables d'herbe sèche ou fraîche, sans beaucoup se préoccuper de sa qualité bonne ou médiocre. J'achetai, en 1838, au marché de la Roche-Bernard (Morbihan) une cinquantaine d'oies fort maigres pour les engraisser. Le soir, je les enfermai dans une écurie dont le sol était couvert d'une couche épaisse d'herbe sèche, fauchée sur le bord d'un étang et destinée à servir de litière au bétail, tant elle était aigre et grossière. Bien que les oies eussent reçu un souper passable, le lendemain, quand j'ouvris l'écurie pour envoyer mes oies à l'eau, il n'y restait pas trace de litière : tout avait été dévoré.

On peut donc utiliser, sans inconvénient pour l'élevage des oies, les herbes de rebut, impropres à tout autre usage qu'à servir de litière pour les bestiaux. Mais, si l'on veut que leur chair devienne délicate et de bon goût, et que, parvenues à toute leur grosseur, elles prennent facilement la graisse, il y faut ajouter, tous les jours, une ration supplémentaire composée de meilleurs aliments.

Le maïs cuit ou cru, l'avoine, le sarrasin et les pommes de terre cuites écrasées, sont ceux qui leur conviennent le mieux; chacun choisit pour cette destination ceux des aliments qui coûtent le moins, selon les ressources locales. (Voyez *Engraissement*, chap. IX.)

Récolte des plumes et du duvet.

Plusieurs agronomes, spécialement ceux de la Grande-Bretagne, traitent de barbare l'usage d'enlever, tous les ans, les plumes fines et le duvet du ventre et du dessous des ailes des oies. Ces écrivains ne réfléchissent pas à un fait qu'il est cependant bien facile de constater : l'oie perd naturellement, par la mue annuelle, ces mêmes plumes et ce même duvet; après quoi, avant le retour de la mauvaise saison, elle se refait un vêtement neuf; il est absolument impossible de l'empêcher, et si cela se pouvait, ce serait, au milieu de la belle saison, rendre à l'oie un fort mauvais service. L'homme ne lui prend donc que ce qu'elle perdrait en le dispersant le long des chemins et sur les eaux qu'elle fréquente; cela est évident. Sans doute l'opération de l'enlèvement des plumes et du duvet de l'oie ne lui est pas agréable; mais, quand on la voit, l'instant d'après, accourir à la voix de celle qui vient de la plumer, et lui manger dans la main sans lui témoigner ni ressentiment ni rancune, on ne doit pas croire qu'elle ait éprouvé une douleur bien violente par suite d'une perte qui bientôt se trouve complétement réparée, quand l'opération a été faite en temps opportun. On donne aux oies récemment plumées un léger supplément de nourriture en avoine, afin de hâter la formation des plumes nouvelles. Si le temps est frais et pluvieux pendant les jours qui suivent l'opération, on tient les oies renfermées dans un local dont le sol est garni de paille propre, sur laquelle elles aiment à se coucher durant la crise de formation des plumes. Il importe beaucoup à leur prompt rétablissement qu'elles soient traitées, tant que dure cette crise, avec la plus grande douceur.

Oies sauvages rendues domestiques.

Dans certaines contrées de l'Europe placées sur le passage habituel des bandes nombreuses d'oies sauvages qui émigrent, tous les ans, du nord au sud, et reviennent en répétant le même trajet en sens inverse, il n'est pas très-difficile de prendre au piége, ou même au filet, quelques-uns de ces oiseaux, bien qu'ils soient excessivement méfiants. Ceux qu'on prend vivants de cette manière s'apprivoisent parfaitement; mais il est difficile d'en obtenir des croisements avec l'espèce domestique dont ils sont cependant la souche.

Lorsqu'on tient à conserver, dans une basse-cour, une ou plusieurs de ces oies rendues domestiques à l'âge adulte, il ne faut pas oublier de leur couper les grandes plumes des ailes, sans quoi, à l'époque des migrations, bien qu'elles soient très-apprivoisées en apparence, l'instinct voyageur reprend le dessus, et il est impossible d'empêcher qu'elles ne se joignent à quelque bande de leurs compagnes sauvages, auquel cas elles partent pour ne plus revenir.

Canard. — Espèces et variétés.

Le canard domestique est évidemment issu du canard sauvage répandu dans toute l'Europe, qui voyage périodiquement, comme l'oie sauvage, du nord au sud et du sud au nord. Parmi les sous-variétés qui sont le fruit de la domestication, l'une des meilleures à multiplier est la race à plumage entièrement blanc; le mâle de cette race, répandue dans tout le nord de la France, a souvent la tête ornée d'une huppe élégante posée en arrière ou de côté; les femelles sont très-bonnes pondeuses.

Multiplication.

Le bon choix des reproducteurs importe beaucoup au succès de l'élevage des canards; le mâle doit être choisi bien conformé; on regarde comme un signe de son aptitude à produire une race vigoureuse et bien constituée le développement des plumes retroussées qu'il porte sur le croupion; ceux chez qui ces plumes sont peu apparentes, ne doivent pas être conservés comme reproducteurs. On ne donne pas au delà de 6 canes au canard, quand les œufs de ces canes doivent être couvés; mais c'est ce qui n'a pas toujours lieu. Si l'on a conservé, d'une année à l'autre, une troupe nombreuse de jeunes canes, dans le but de conserver leurs œufs, puis d'engraisser les canes pour les vendre, il n'est pas nécessaire, dans ce cas, que les œufs soient fécondés : la ponte n'en est pas moins abondante. Il est bien entendu que l'on place, dans un local à part, les 6 canes de choix avec le canard d'élite; les œufs de ces 6 canes sont recueillis séparément. Le reste des canes ne doit pas avoir au delà d'un mâle pour 12 femelles. Cette particularité mérite d'autant plus d'être signalée que, bien souvent, on achète, dans l'intention de les faire couver, des œufs de cane qui ne sont pas fécondés; de sorte que l'incubation donne un résultat purement négatif. Il ne faut donc jamais acheter des œufs de cane, pour la multiplication, dans une basse-cour où, par économie, le nombre des canards n'est pas en rapport avec celui des canes.

La ponte est régulière, sans interruption, tous les jours ou tous les deux jours. Les œufs de cane sont particulièrement recherchés, dans les villes, pour la préparation de diverses pâtisseries; ils sont considérés comme très-supérieurs aux œufs de poule pour cette destination. On donne à la cane 12 œufs à couver; les plus grosses seules peuvent en couver 14; elles sont en général très-bonnes couveuses. Dans plusieurs cantons, on fait habituellement couver les œufs de cane par une poule qui soigne cette couvée étrangère comme les petits de sa propre race; la pauvre bête est fort en peine quand les jeunes canards, obéissant à leur instinct, vont à l'eau où elle ne peut les suivre. Sans aucun doute, les canetons sont mieux dirigés par une cane qui les conduit sur l'eau comme sur la terre; le seul inconvénient que trouvent les éleveurs insouciants à faire couver les œufs de cane par une cane, c'est que celle-ci ne manque pas de mener ses petits à l'eau presque dès leur naissance, ce qui peut leur nuire dans les pays du Nord où la cane couve d'assez bonne heure, et où les couvées éclosent souvent avant la fin des froids tardifs du printemps. En plaçant la mère cane sous une mue à claire-voie, dans un local fermé, on peut ne laisser sortir les canetons que quand l'état de la température extérieure permet de les envoyer à l'eau sans compromettre leur santé. C'est pour se dispenser de prendre ce soin qu'on fait couver les œufs de cane par une poule, bien que cette méthode d'élevage ne présente aucun avantage réel.

Il est toujours bon de faire couver les canes dans le local où elles ont l'habitude de passer la nuit; c'est un usage qu'on ne peut trop recommander à l'égard de toutes les volailles; il est particulièrement nécessaire de s'y astreindre pour les canes qu'il n'est pas possible de garder constamment au logis, à moins qu'on ne puisse les tenir renfermées dans un enclos avec un bassin à leur disposition, ce qui est rarement praticable. Le poulailler particulier des canards a besoin d'être nettoyé *tous les jours;* s'il n'est pas tenu avec une propreté recherchée, les canes le prennent en dégoût et retiennent leurs œufs pour aller pondre à l'écart, de sorte que la plus grande partie de ces œufs se trouve perdue. La cane répugne à la malpropreté beaucoup plus que les autres volailles.

La durée de l'incubation est de 28 jours. Les canetons, à leur naissance, sont beaucoup moins rustiques que les jeunes oisons; il est néanmoins inutile de leur préparer une pâtée; ils s'élèvent très-bien en leur donnant quatre ou cinq fois par jour de la mie de pain bien émiettée, et en leur offrant constamment de l'eau propre pour *barboter;* le caneton, quand il a de l'eau à sa portée, prend d'abord sa nourriture dans son bec, puis il remplit son bec d'eau qu'il mêle à ses aliments avant de les avaler : c'est ce qu'on nomme *barboter*. Dès qu'ils sont en état d'aller à l'eau, ils avalent de l'eau avec tout ce qu'ils y trouvent à manger, spécialement avec les herbes aquatiques et les insectes ou les mollusques qu'ils y prennent en grand nombre.

Élevage des canetons.

A 15 jours, les canetons mangent de tout comme les canards adultes; un peu de son pétri avec des croûtes de pain trempées favorise leur développement. Les couvées de canetons conduites par leur mère peuvent être introduites dans le potager de grand matin, lorsque les canetons sont encore à jeun; ces oiseaux, n'ayant pas l'instinct de gratter comme la poule pour faire sortir les vers de terre, et n'étant pas d'ailleurs portés à attaquer les plantes potagères tant qu'ils trouvent d'autres aliments, ne font aucun dégât dans les jardins, pourvu qu'on ne les y laisse pas trop longtemps; en y faisant leur tournée matinale, ils leur rendent le service de les purger complétement des insectes, des limaces et des vers de terre qui ne sont pas assez lestes pour regagner à leur approche leur domicile souterrain.

Tant que les canards sont sous la conduite de leur mère, celle-ci ne manque jamais de les ramener au logis aux heures des distributions. Plus tard, s'ils ne sont pas retenus par un ou deux repas par jour, consistant en avoine, criblures de grains, son ou pommes de terre cuites écrasées, ils s'écartent souvent assez loin et peuvent être entraînés à s'envoler en automne avec les volées de canards sauvages qui ne manquent jamais de les appeler en passant. C'est ce qui arrive assez fréquemment dans les années sèches et dans les pays de plaines dépourvues d'eau, comme le sont celles de la Beauce (Eure-et-Loir) et de la Brie (Seine-et-Marne). Quand les mares du voisinage de la ferme sont à sec, les canards, qui ne perdent jamais en domesticité, comme les dindons et les poules, la faculté de voler, s'en vont au loin chercher les étangs qui conservent un peu d'eau. Là, ils font connaissance avec les bandes de canards sauvages, et se joignent à elles quand vient la saison du départ. En pareil cas, il ne faut pas oublier de couper les grandes plumes de l'aile des canards mâles, faciles à reconnaître à la beauté des nuances de leur plumage; tant que ceux-ci se trouvent dans l'impossibilité de prendre leur vol, il n'est pas à craindre que le reste de la bande parte sans eux.

Le canard bien nourri n'est jamais maigre; nourri à discrétion, il devient excessivement gras (Voyez *Engraissement*, chap. IX). Après la saison de la ponte, on doit vendre les canes de l'année précédente qui ne doivent pas couver; celles qui ont élevé une couvée sont engraissées et vendues immédiatement après. Bien que la cane puisse couver plusieurs années de suite, il vaut mieux renouveler cette partie de la basse-cour tous les ans; les jeunes canes de l'année précédente donnent de plus beaux œufs et mènent à bien des couvées plus nombreuses que les vieilles canes.

Cygne.

Cygne. — De tous les oiseaux aquatiques, le cygne est le plus intéressant par ses mœurs; il est, comme l'hirondelle, monogame pour toute sa vie; il s'attache dès le premier âge à une femelle, ordinairement de la même couvée que lui, et ne s'en sépare qu'à la mort. Nous avons vu plusieurs fois un cygne domestique, devenu veuf par accident, se laisser mourir de faim pour ne pas survivre à sa compagne; il n'y a pas d'exemple à notre connaissance qu'un cygne veuf ait songé à se remarier. Quoique le cygne mâle ne couve pas, il veille constamment à côté de sa femelle pendant l'incubation; dès la naissance des petits, il s'en occupe autant que la mère; s'ils sont menacés, il les défend jusqu'à la mort. Le cygne attaqué par un chien le laisse approcher; il retire son cou en arrière, lance sa tête en avant, comme une pierre dans une fronde, et enfonce son bec fermé dans le poitrail de son ennemi, qu'il tue ordinairement d'un seul coup.

Nous plaçons ici le cygne à la suite des oiseaux de basse-cour, bien qu'il ne soit, en général, élevé que comme oiseau d'ornement. Lorsqu'il est jeune, il prend aisément la graisse, sa chair vaut celle de l'oie; à l'âge d'un an, sa peau, épaisse et très-consistante, peut être détachée et *mégissée*, en conservant son duvet, dont la blancheur le dispute en éclat à celle de la neige récemment tombée; c'est dans cet état une fourrure très-chaude, fort recherchée dans le Nord où elle se vend à un prix élevé. Tous ces motifs doivent engager les habitants des campagnes, placés à proximité d'un étang, à faire multiplier le cygne domestique comme oiseau de basse-cour. La durée de l'incubation est la même que celle des œufs de l'oie, mais la ponte est moins abondante; la femelle du cygne ne pond pas au delà de 6 œufs; elle n'en pond habituellement que 5; mais, à moins d'accident, chaque œuf donne un petit. Les jeunes cygnes sont plus rustiques et moins difficiles à élever que les oisons; couverts d'abord d'un duvet gris, puis d'un plumage de même couleur, ils ne sont entièrement blancs qu'en devenant adultes. Ceux qu'on se propose de manger doivent être engraissés et livrés à la cuisine avant ce changement de couleur de leur plumage; plus tard, leur chair devient dure et n'est presque plus mangeable.

CHAPITRE VII.

DU PIGEON.

Pigeon. — Espèces et variétés. — Fuyard. — Bizet. — Pigeon-Paon. — Mondain. — Messager. — Vitesse de leur vol. — Multiplication. — Pigeonnier et colombier. — Disposition des nids. — Incubation. — Élevage des pigeonneaux. — Alimentation des pigeons. — Céréales. — Petit maïs. — Sarrasin. — Vesce. — Eau chaude. — Chènevis à petite dose. — Sel. — Apprentissage des pigeons messagers. — Leur instinct. — Croisement. — Sous-variétés.

Partout où le placement des produits est assuré (et il l'est, grâce aux chemins de fer, sur tous les points de notre territoire), l'élevage en grand des pigeons est une opération profitable, soit qu'on multiplie les pigeons uniquement pour la cuisine, soit qu'on s'attache à propager les races précieuses à divers titres, recherchées des amateurs, et dont on peut obtenir des prix avantageux.

Près des grandes villes, on élève un grand nombre de pigeons communs destinés à exercer l'adresse des novices dans l'art de tirer au vol. A un signal donné, ces pigeons sont lâchés, soit isolément, soit deux par deux, et prennent leur volée en essuyant le feu des tireurs. Ce jeu n'est point aussi cruel qu'il le paraît; les tireurs ne sont pas tous également sûrs de leur coup; beaucoup de pigeons leur échappent, reviennent au pigeonnier, sont repris, exposés de nouveau au feu des tireurs, et revendus, par ce procédé, un grand nombre de fois, ce qui constitue un commerce assez lucratif.

Espèces et variétés.

Le pigeon commun, dont les deux principales variétés sont le *fuyard* ou *pigeon de fuie* et le *bizet* ou pigeon de volière, est le plus avantageux à élever comme volaille de table; il multiplie beaucoup, est rarement malade, et se contente aisément d'une nourriture grossière. Son défaut principal est une excessive voracité; comme il a la vue très-perçante, un champ récemment ensemencé, s'il vient à être envahi par une bande un peu nombreuse de pigeons de cette race, ne conserve pas un grain; rien n'échappe aux recherches des pigeons; les semailles sont à recommencer. Aussi, les propriétaires de pigeonniers très-peuplés sont-ils tenus de nourrir les pigeons au logis et de les empêcher d'en sortir jusqu'à ce que les semailles de printemps soient levées, et de s'astreindre à la même mesure à l'époque des semailles d'automne. Du reste, l'élevage des pigeons est assez lucratif pour que l'accomplissement de cette obligation ne soit pas un motif d'y renoncer.

Les variétés et sous-variétés de pigeons les plus estimées des amateurs comme oiseaux d'agrément, sont fort nombreuses; les plus remarquables sont le *pigeon-paon*, le *cravate*, le *capé du Mans*, et par-dessus tout, le *pigeon mondain*, *messager*, qui, pour la vitesse avec laquelle il transmet une dépêche, semble vouloir le disputer à la télégraphie électrique. Les meilleurs de cette dernière race sont bien soignés dans la Hollande, la Belgique et tout le nord de la France, et font facilement 65 kilom. (13 grandes lieues) par heure : c'est la plus grande vitesse du vent pendant la tempête; c'est celle de la locomotive lancée à toute vapeur. Le pigeon ne possède pas par lui-même cette puissance de vol; mais il a l'instinct merveilleux de chercher, en décrivant de grands cercles à son point de départ, le courant atmosphérique favorable à son retour; une fois qu'il l'a trouvé, il s'y abandonne, souvent à une hauteur telle, qu'on cesse de l'apercevoir; en approchant du but, il redescend dans les couches inférieures de l'air, décrit des cercles pour se reconnaître et rentre au pigeonnier. Pour le dire en passant, cet instinct voyageur existe chez les races sauvages primitives desquelles descendent toutes les races domestiques. C'est en souvenir de leur origine, et pour obéir à cet instinct en partie effacé, que le pigeon commun semble se plaire à tourner en volant, comme le font les pigeons voyageurs, bien que pour lui ce genre de vol n'ait pas de but.

Multiplication.

On désigne sous le nom de *pigeonnier* ou *colombier* le local destiné au logement des pigeons; c'est le plus souvent une tour ronde ou carrée, isolée du reste des bâtiments de la ferme. La plus grande propreté doit régner à l'intérieur du pigeonnier; il n'est pas d'oiseau domestique qui soit plus facilement que le pigeon envahi par les insectes parasites qui le font dépérir, lorsqu'on néglige de nettoyer régulièrement son habitation. Cette particularité tient à ce que la plupart des pigeons aiment à rentrer au logis vers le milieu de la journée, afin de s'y reposer pendant quelques heures. Ils ont par conséquent beaucoup plus à souffrir de la malpropreté de leur appartement que les autres volailles qui y rentrent seulement pour passer la nuit.

On ménage, dans l'épaisseur des murs du pigeonnier, plusieurs rangées de trous destinés à recevoir les nids; il faut que les nids des pigeons soient munis à leur partie antérieure d'un rebord suffisamment élevé pour que les jeunes pigeonneaux ne puissent en tomber. Par un instinct dont il est impossible de s'expliquer le motif, dès qu'un malheureux pigeonneau tombe accidentellement du nid où il est né, les pigeons adultes, attirés par ses cris, le frappent à coups de bec sur la tête et le tuent; il importe de rendre les accidents de cette nature le plus rares possible.

La *colombe*, ou pigeon femelle, est très-féconde, bien qu'elle ne ponde que 2 œufs à la fois; ces œufs éclosent au bout de seize à dix-sept jours; dès que les petits sont élevés, elle recommence sans interruption du printemps à l'automne. Il faut s'en rapporter entièrement à elle et à son époux du soin d'élever sa couvée; car le mâle et la femelle s'en occupent avec une égale sollicitude. Les petits peuvent être pris et vendus dès qu'ils sont suffisamment emplumés et qu'ils ont à peu près le volume normal de leur race, avant même qu'ils soient en état de prendre la volée; en les enlevant du nid très-jeunes, on permet à la mère, toujours disposée à pondre, de multiplier ses couvées.

Alimentation des pigeons.

L'expérience prouve que le pigeon peut digérer de la viande hachée, crue ou cuite, mêlée à d'autres aliments, et n'en peut être incommodé. Lorsque, au printemps, on lâche de bonne heure les pigeons dans les champs où il n'y a pas beaucoup de nourriture végétale à glaner, ils savent très-bien rechercher, pour s'en nourrir, les petites limaces grises et brunes. Mais ces écarts de régime leur nuisent plus ou moins; le pigeon n'y a recours que par nécessité et faute de mieux; il est essentiellement granivore. La vesce d'hiver ou de printemps est, de tous les grains, celui qui lui convient le mieux ; il mange aussi de toutes les céréales, du sarrasin, du petit maïs, des pois, du millet ; mais ces divers aliments ne doivent être considérés que comme des ressources pour varier la nourriture du pigeon, la vesce restant la base de sa ration journalière.

Le pigeon a besoin de boire beaucoup et souvent ; il lui faut de l'eau très-propre ; il s'accommode fort bien de l'eau chaude et semble la boire avec plaisir, même quand elle est à une température approchant de l'ébullition. Dans les pays où il existe des sources d'eaux thermales, on voit souvent les bandes de pigeons arriver de fort loin pour se régaler d'eau naturellement fort chaude. Le sens du goût semble, comme celui de la vue, très-développé chez le pigeon ; il entre dans des accès de véritable fureur quand on lui a fait avaler de force, à titre d'expérience, des aliments amers ou de mauvais goût ; l'oseille et la laitue fraîche sont particulièrement à son gré ; il aime aussi beaucoup le *chènevis* ou graine de chanvre dont il ne faut lui donner que de petites rations à la fois, et à des intervalles assez éloignés. Le sel est recherché avec avidité par les pigeons ; aussi place-t-on assez souvent, dans le pigeonnier, une queue de morue ou bien un maquereau salé que les pigeons se plaisent à becqueter. Ces substances ont l'inconvénient d'exhaler une odeur peu agréable dont les murs du pigeonnier se pénètrent, et qu'il est impossible d'expulser. Il vaut mieux, une ou deux fois par semaine, répandre sur le plancher bien nettoyé du poulailler une petite quantité de sel gris en gros grains ; les pigeons auront grand soin de n'en pas laisser.

Les pigeons voyageurs ont besoin de faire un apprentissage qui consiste en trajets d'abord très-courts, puis de plus en plus longs ; ils finissent par franchir, pour revenir à leur point de départ, des distances énormes.

La société des amateurs de pigeons d'Anvers (Belgique), envoie fréquemment des pigeons, par le chemin de fer, jusqu'à Toulouse, et même jusqu'à Marseille. Ces pigeons sont dans des cages enveloppées de gros canevas qui, joint à la rapidité du transport, ne leur permet certes pas de faire, en route, la moindre observation de nature à faciliter leur retour; ils n'en reviennent pas moins tous en quelques heures, à moins qu'ils ne soient la proie de l'épervier ou du milan; mais cela n'arrive pas fréquemment; la vue du pigeon est au moins aussi perçante que celle des oiseaux de proie; il a soin de les éviter de très-loin; ce n'est que par surprise qu'il devient quelquefois leur victime.

Le pigeon dont on s'occupe devient très-familier; bien que son instinct ne soit pas développé, il éprouve de la reconnaissance pour ceux qui satisfont ses besoins, et se laisse caresser avec plaisir. Les amateurs qui s'occupent de multiplier les pigeons comme oiseaux d'agrément, ne doivent croiser entre elles que les races qui ont à peu près la même taille; une femelle de petite race, croisée avec un mâle de grande race, meurt le plus souvent, faute de pouvoir pondre des œufs d'un volume disproportionné au sien, ou, si elle survit, il lui est très-difficile de mener à bien sa couvée.

CHAPITRE VIII.

DE L'INCUBATION ARTIFICIELLE.

ncubation artificielle. — Question économique. — Conditions auxquelles doit satisfaire l'incubation artificielle. — Application de la chaleur de haut en bas. — Thermosiphon. — Appareil Cantelo. — Couveuse artificielle. — Mère artificielle. — Choix des œufs. — Élevage des poulets éclos artificiellement.

Incubation artificielle en Orient.

Il n'est pas toujours nécessaire de confier des œufs à une couveuse pour faire naître des oiseaux de basse-cour; l'Égypte a connu, dès l'antiquité la plus reculée, l'usage des fours à éclosion où naissent à la fois des centaines de poulets et de pigeons. La fixité dans les usages est tellement implantée chez les Orientaux que, très-probablement, les procédés actuellement employés par les Égyptiens de nos jours, pour l'incubation artificielle, ne diffèrent pas essentiellement de ceux que pratiquaient les sujets de Ramessès le Grand, bien des siècles avant l'ère chrétienne. Il faut, pour le succès de la méthode égyptienne, le climat de l'Égypte où il ne pleut jamais, et où les brusques variations de la température sont complétement inconnues; tout au plus pourrait-on essayer de l'appliquer, avec quelque chance de réussite, dans les parties les plus chaudes de l'Algérie et sur quelques points des extrémités méridionales de l'Europe.

Question économique.

En France, la question de l'incubation artificielle doit être considérée sous un double point de vue. Les naturalistes font usage d'appareils dispendieux, mais d'un effet certain, pour faire éclore artificiellement les œufs pondus par des oiseaux étrangers, dont on ne peut espérer l'éclosion, sous notre climat, par l'incubation naturelle. On comprend que, pourvu que l'opération réussisse, la question des frais n'est regardée que comme tout à fait secondaire. D'un autre côté, les éleveurs font usage d'appareils pour l'éclosion artificielle des œufs de volailles, dans le but d'en obtenir, dans un temps donné, un nombre suffisant pour mettre la production en rapport avec les besoins de la consommation. Pour eux, la question d'économie est tout; il ne faut pas que les poulets, provenant de l'incubation artificielle leur reviennent plus cher qu'ils ne peuvent les vendre. Pour pratiquer cette industrie avec bénéfice, quel que soit l'appareil adopté, il faut se bien pénétrer d'un principe général duquel dépend entièrement le succès : *Placer les œufs, pendant l'incubation artificielle, dans des conditions aussi semblables que possible à celles où ils se trouvent pendant l'incubation naturelle.* Si l'on examine attentivement ces conditions, on trouve que, d'une part, le corps de la mère ne peut échauffer les œufs que d'un côté à la fois, et que de l'autre, la transpiration plus ou moins grasse du ventre de la mère prévient, jusqu'à un certain point, le desséchement par évaporation de la matière intérieure de l'œuf, qui doit servir à la formation du jeune oiseau, comme la substance de la chenille concourt à la transformation de la nymphe en papillon. Il est très-difficile de satisfaire artificiellement à cette dernière condition ;

toutes les fois qu'on a voulu recourir, dans ce but, à divers enduits, les pores de la coque de l'œuf se sont trouvés trop hermétiquement bouchés, et l'oiseau, faute d'air, n'a pas pu se développer.

Application de la chaleur.

Tous les appareils d'incubation artificielle, basés sur ces principes, communiquent aux œufs la chaleur *de haut en bas*, comme le ferait le corps de la couveuse; ils donnent une chaleur égale et non interrompue; ils permettent d'*aérer* de temps en temps les œufs, comme le fait la couveuse lorsqu'elle se lève pour prendre de la nourriture. Enfin, ils font naître, à peu de frais, un assez grand nombre d'oiseaux à la fois pour que l'éleveur y puisse trouver son compte.

Après bien des tentatives infructueuses, faites vers la fin du siècle dernier, en employant divers systèmes de chauffage par la vapeur, un grand pas fut fait dans la bonne voie par l'inventeur du *thermosiphon*. Cet appareil, qui produit la chaleur artificielle par la circulation de l'eau chaude dans un système de tuyaux aboutissant à une chaudière fermée hermétiquement, et qu'on chauffe avec une très-faible dépense de combustible, fut imaginé, par Bonnemain, spécialement pour l'incubation artificielle. Bien qu'il ait reçu, depuis la mort de ce savant (mort de misère dans un lit d'hôpital), de nombreuses applications, et que, notamment, toutes les serres de nos jours soient exclusivement chauffées par le moyen du thermosiphon, c'est encore la circulation de l'eau chaude, dans des tuyaux, qui donne le meilleur résultat pour l'éclosion artificielle des oiseaux de basse-cour.

Appareil Cantelo.

L'appareil le plus perfectionné, fondé sur le thermosiphon, est celui de M. William Cantelo, de New-York, qui depuis bien des années fonctionne dans un des faubourgs de Londres, et fait naître annuellement des poulets *par centaines de mille*.

La *couveuse artificielle* de Cantelo, dont on peut varier à l'infini les dimensions, consiste en un système de tuyaux en caoutchouc ou en gutta-percha, mis en communication avec la chaudière d'un thermosiphon; la chaudière et les tuyaux sont exactement remplis d'eau et clos hermétiquement. Les œufs sont suspendus dans des espèces de hamacs de peau blanche mégissée ou d'étoffe de laine; les tuyaux passent immédiatement au-dessus sans les presser; les hamacs peuvent être éloignés à volonté des tuyaux pour l'aération; les poulets, en naissant, vont d'eux-mêmes se réfugier dans un asile préparé sous le nom de *mère artificielle*, où ils se trouvent à peu près dans les mêmes conditions de température et de sécurité que s'ils étaient abrités sous l'aile maternelle. Tant que dure l'incubation artificielle, la température à laquelle les œufs sont exposés reste invariablement la même; plus elle est égale, plus le succès de l'opération est assuré. L'égalité de température n'est d'ailleurs pas difficile à obtenir avec un peu d'habitude, en réglant convenablement le feu sous la chaudière du thermosiphon; quand même, par négligence ou par accident, ce feu viendrait à s'éteindre, le refroidissement s'opérerait si lentement qu'on aurait tout le temps d'y remédier sans compromettre le résultat de l'opération; l'on ne peut craindre, en se servant de cet appareil, ni les refroidissements subits qui peuvent tuer le poulet dans l'œu , ni les coups de chaleur violente qui donnent lieu aux mêmes désastres.

Mère artificielle.

On désigne sous le nom de *mère artificielle* l'abri préparé pour les jeunes poulets. Cet abri consiste dans un châssis de bois, plus ou moins grand, selon le nombre de poulets qui doivent s'y réfugier; le dessus de la charpente est élevé de 10 à 12 centimètres sur le devant, et de 4 ou 5 centimètres seulement à sa partie postérieure; l'ouverture est au niveau du hamac d'éclosion; le tout offre extérieurement l'apparence d'une *chancelière* destinée à tenir les pieds chauds. Une peau d'agneau mégissée est clouée, la laine en dedans, sur toutes les faces du châssis. Grâce à la proximité des tuyaux pleins d'eau chaude, il règne à l'intérieur de la mère artificielle une température très-douce; les poulets, sortant de l'œuf, vont se blottir dans le fond; le contact de la laine d'agneau remplace assez bien celui du corps de la poule; s'ils ont trop chaud, des passages ménagés sur les côtés leur permettent de sortir dans un espace clos et à une température moins élevée, constituant pour eux une sorte de promenoir, d'où ils rentrent à volonté sous la mère artificielle.

Bien que l'appareil Cantelo soit fort ingénieux et que ceux qui l'ont employé à l'incubation artificielle y aient très-bien trouvé leur compte, il peut encore recevoir de grands perfectionnements dans ses applications à l'éclosion des œufs d'oiseaux de basse-cour. Dans plusieurs essais de ces applications en France, nous avons vu rarement naître plus d'un poulet pour deux œufs placés dans l'appareil; il est difficile de réaliser des bénéfices sérieux quand chaque éclosion est grevée du prix de deux œufs.

M. Cantelo obtenait assez régulièrement 3 poulets sur 4 œufs : c'est encore trop peu. Ce déficit dans les naissances provenait assurément de ce que, tout en apportant une grande attention dans le choix des œufs, il en employait un grand nombre qui n'étaient pas fécondés. Il faudrait, pour obtenir 9 éclosions de 10 œufs, ce qui n'aurait rien d'impossible, que la couveuse artificielle fût alimentée d'œufs produits par des reproducteurs de choix, divisés par groupes de 5, soit 4 poules et 1 coq, et entretenus dans des conditions telles, que tous les œufs eussent les mêmes garanties de fécondité.

Élevage des volailles écloses artificiellement.

En Égypte, l'homme chargé du soin de faire éclore des volailles dans un four à incubation artificielle, vend les poulets ou les pigeons à l'âge de 5 jours à des gens qui font métier de les élever ; de cette manière, il est tout entier à son affaire et n'a pas à se préoccuper d'autre chose. En Europe, l'incubation artificielle à l'aide d'appareils perfectionnés ne donnera de grands résultats et ne sera largement pratiquée pour l'approvisionnement des marchés des grandes villes, que quand on aura adopté la même division du travail, et que les chances de mortalité des jeunes oiseaux artificiellement éclos ne seront pas au compte de celui qui les aura fait éclore. Les bénéfices réalisés en Angleterre au moyen de l'appareil Cantelo montrent ce qu'on peut espérer des grandes applications de l'incubation artificielle à la multiplication rapide et sur une grande échelle des oiseaux de basse-cour.

CHAPITRE IX

DE L'ENGRAISSEMENT DES VOLAILLES.

Motifs qui rendent l'engraissement profitable. — Ce que contient un poulet gras comparé à un maigre. — Choix des volailles à engraisser. — Choix des aliments pour l'engraissement. — Soins pendant l'engraissement. — Poulet de grain. — Méthode des environs de Paris. — Du Mans. — Cages pour l'engraissement. — Méthode de la Bresse. — Méthode de la Campine. — Ses avantages.

Motifs qui rendent l'engraissement profitable.

Avant d'exposer les diverses méthodes applicables à l'engraissement des volailles, il n'est pas inutile de bien faire comprendre les avantages de l'engraissement et le principe duquel découlent ces avantages; ce principe ne repose pas du tout, comme bien des gens sont disposés à le croire, sur la supériorité de la viande grasse, comparée à la viande maigre, au point de vue gastronomique. Cette supériorité est assurément très-réelle; mais la question de l'engraissement doit être envisagée sous un tout autre point de vue. En fait, les aliments distribués aux animaux domestiques, destinés à la nourriture de l'homme, sont convertis par eux en os et en viande. Le proverbe allemand dit qu'il faut autant de fourrage pour faire un kilog. d'os que pour faire un kilog. de viande : c'est une vérité incontestable. Donc, quand l'éleveur distribue à ses animaux domestiques des rations composées des produits de l'industrie agricole, il convertit ces produits en os et en viande, dans le but de leur donner une forme sous laquelle ils puissent être vendus avec bénéfice. S'il vend ses volailles maigres, il vend plus d'os que de viande, et ne réalise que des profits médiocres ; l'acheteur, même en ne payant pas très-cher, n'en a pas pour son argent : il y a perte des deux côtés. Cette vérité a été parfaitement mise en lumière dans un mémoire publié en 1845 à ce sujet, par un cultivateur-propriétaire des environs de Paris ; nous en extrayons les données suivantes :

Le poulet est parmi les animaux domestiques un de ceux qui donnent en viande la proportion la plus élevée relativement au poids et au volume des os. Deux poulets, l'un gras, l'autre maigre, ont donné les résultats suivants :

	POULET MAIGRE.	POULET GRAS.
Poids vivant.	1k,150	1k,848
Sang.	0 ,008	0 ,015
Plumes.	0 ,087	0 ,088
Viande et graisse.	0 ,728	1 ,406
Excréments et intestins . .	0 ,183	0 ,186
Os	0 ,124	0 ,130
Évaporation	0 ,020	0 ,023
Total égal. . . .	1k,150	1k,848

Ainsi, dans un poulet gras, il n'y a pas plus d'*un douzième d'os ;* dans un poulet maigre, il y en a *un sixième*, c'est-à-dire tout juste *le double*. En moyenne, d'après un grand nombre d'essais du même genre, dans le poulet maigre, les os représentent 17 pour 100 du poids total ; dans le poulet gras, les os ne représentent que de 8 à 9 pour 100.

Il résulte de ces données, dont l'exactitude peut être vérifiée par quiconque voudra bien en prendre la peine, qu'il est évidemment plus profitable, et pour le producteur, et pour le consommateur, de produire de la volaille grasse que de se borner à produire de la volaille maigre : de là, la nécessité de l'engraissement, à part toute recherche du luxe gastronomique.

Choix des volailles à engraisser.

Il ne faut soumettre à l'engraissement que des volailles bien conformées, d'un bon tempérament, réunissant toutes les qualités propres à leur race. Il est absurde de gaspiller des aliments à vouloir tenter de faire prendre la graisse à des canards asthmatiques ou à des poulets poitrinaires, dont la voracité est une affection maladive, et qui, tout en mangeant beaucoup, ne peuvent que maigrir au lieu d'engraisser. C'est ce qui a lieu dans beaucoup de basses-cours où les jeunes volailles ne sont l'objet d'aucun soin et où l'on croit avoir fait pour elles tout ce qui est nécessaire en leur donnant à manger précisément de manière à les empêcher de mourir de faim. Beaucoup de ménagères pensent que les meilleures volailles à engraisser sont les plus affamées et les plus maigres : c'est précisément tout le contraire ; de là les fréquents mécomptes qui leur font regarder l'engraissement des volailles comme difficile, d'un succès douteux, et, au total, peu profitable, ce qui les engage à y renoncer. Il en est de l'industrie de l'élevage et de l'engraissement des volailles comme de toutes les autres industries : en les pratiquant dans de bonnes conditions, on y gagne; dans de mauvaises, on y perd : il ne peut en être autrement.

Choix des aliments pour l'engraissement.

Chaque localité présente des ressources différentes quant aux substances alimentaires qui peuvent être employées à l'engraissement des volailles; le choix entre ces substances n'est pas moins important que celui des volailles elles-mêmes pour le résultat économique de l'opération. Dans les pays où l'on engraisse habituellement beaucoup de volailles, il y a à cet égard des usages locaux dont on ne s'écarte jamais; c'est souvent une cause de pertes sérieuses.

D'après des expériences d'une exactitude irrécusable, un poulet, soumis à l'engraissement, alors qu'il n'est ni gras ni maigre, mais en bonne santé et en bon état, consomme en moyenne 10 kilogrammes de grain pour augmenter en poids d'un kilogramme. Le froment est excellent pour bien engraisser la volaille; mais, au prix actuel de 35 francs les 100 kilog., soit 35 centimes le kilog., les 10 kilog. de froment nécessaires pour augmenter d'un kilog. le poids d'un poulet maigre, ne coûtent pas moins de 3 francs. A ce prix, ce n'est pas la peine d'engraisser de la volaille. Dans les années d'abondance, où sur beaucoup de points de notre territoire le froment descend au prix de 15 à 16 francs l'hectolitre, soit environ 20 francs les 100 kilog., 10 kilog. de froment ne reviennent pas à plus de 2 francs; il peut y avoir avantage à engraisser avec cet aliment des volailles dont, en ce cas, la graisse est extrêmement fine, et qui peuvent se vendre à des prix en rapport avec ce que leur engraissement a coûté. L'orge, l'avoine, le maïs et le sarrasin, toujours moins chers que le froment, doivent, en tout cas, être préférés, en adoptant celui de ces grains qu'on peut se procurer à meilleur marché.

Soins pendant l'engraissement.

Quel que soit le régime alimentaire qu'on se propose d'appliquer aux volailles pendant l'engraissement, il faut d'avance être résolu à prendre, tant que durera l'opération, tous les soins nécessaires pour que les volailles soient tenues avec une minutieuse propreté. Ceux qui n'en ont pas fait l'expérience ne peuvent pas savoir à quel point le succès en dépend; si les oiseaux à l'engrais ont les pattes sales et qu'ils contractent la maladie du piétin, s'ils sont envahis par les insectes parasites qui les tourmentent et les privent de sommeil, c'est en vain que l'engraissement est conduit, sous tous les autres rapports, d'après les meilleurs principes, les volailles mangeront beaucoup et n'engraisseront point; c'est pour elles le résultat inévitable d'un état habituel de malaise provenant du défaut de propreté.

En résumé et indépendamment de la méthode suivie, le succès complet de l'engraissement dépend de trois points essentiels : 1° choix judicieux des volailles à engraisser; 2° régime alimentaire économique; 3° propreté minutieuse du commencement à la fin de l'opération.

Ces principes étant bien établis, nous ferons connaître avec tous les détails nécessaires pour en faciliter l'application les diverses méthodes en usage pour engraisser les volailles, en commençant par les plus imparfaites.

Poulets de grain.

On désigne sous le nom de *poulets de grain* les jeunes volailles que l'on place dans un lieu obscur, soit sous une mue, soit tout simplement dans un retranchement en treillage sous un hangar, à la cave ou dans le cellier. Là on leur donne trois fois par jour du grain autant qu'elles en peuvent manger; les poulets de bonne race en consomment environ, dans ces trois repas, un quart de litre par tête et par jour. Au bout de 16 jours, chaque poulet ayant mangé 4 litres de grain, est devenu, non pas gras, mais bien en chair; sa valeur vénale, comparée à celle qu'il pouvait avoir étant maigre, est assez augmentée pour que la dépense en grain soit couverte avec bénéfice. Beaucoup d'éleveurs, tout en reconnaissant les avantages qu'ils pourraient recueillir en vendant leurs volailles à un état d'engraissement plus avancé, ne font que des poulets de grain, uniquement parce qu'ils n'ont pas le temps de pratiquer une meilleure méthode et qu'ils manquent d'ouvrières au fait de cette besogne. Ce sont là des difficultés toujours faciles à vaincre avec un peu de volonté. On ne peut qu'engager les éleveurs à ne rien négliger pour en triompher; car, partout où l'on fait des poulets de grain, on peut de même et avec beaucoup plus de profit faire des volailles complétement grasses.

Nous ne parlons que pour mémoire de ces volailles, que dans beaucoup de ménages, à la campagne, on met en mue en plaçant à côté d'elles de la pâtée, le plus souvent aigre, qu'elles ne mangent qu'en désespoir de cause, et qui, lorsqu'elles s'y décident, pressées par le besoin, ne peut que leur donner la diarrhée, ce qui ne les engraisse pas. On finit toujours par tuer et manger ces volailles, souvent plus maigres à la fin de l'opération qu'au commencement. Il est néanmoins un grand nombre de maisons où cela s'appelle *engraisser* les volailles.

Méthode des environs de Paris.

Les éleveurs qui pratiquent sur une assez grande échelle l'engraissement des volailles dans les environs de Paris commettent tous systématiquement l'erreur de n'engraisser que les plus maigres et les plus chétifs d'entre leurs poulets; ceux qui sont dans un état passable et dont l'engraissement pourrait offrir le plus de bénéfice sont vendus sans être engraissés.

Les poulets destinés à l'engraissement sont mis par groupes de 4 à 6 dans des tonneaux défoncés, dont le fond est garni d'une couche épaisse de paille; les tonneaux sont rangés à la suite les uns des autres dans une cave ou sous un hangar; quel que soit leur nombre, la série se termine toujours par un tonneau vide. Si l'on engraisse à la fois 50 volailles à raison de 5 par tonneau, il faut être muni de 11 tonneaux. On pose sur chaque tonneau un couvercle d'osier à claire-voie, recouvert lui-même d'un paillasson, afin que les volailles soient dans une obscurité absolue.

Ces dispositions prises, on prépare une sorte de brouet liquide avec 150 grammes de farine d'orge et un tiers de litre de lait encore chaud. Ces doses comprennent la ration journalière d'un poulet; quel qu'en soit le nombre, on calcule les distributions d'après cette base; il ne faut préparer à la fois *que le tiers* de la ration des poulets à l'engrais; on la leur donne en trois repas, le premier à six heures du matin, le second à une heure après midi, le troisième à huit heures du soir; à chaque fois le tiers de ration est délayé dans du lait qui doit être trait au moment de s'en servir; cette condition est considérée comme indispensable au succès. Un point non moins important, c'est d'apporter la plus grande exactitude dans les distributions. Si les poulets attendent leur repas à l'heure où la faim les avertit qu'ils doivent le recevoir, ils se tourmentent, s'agitent dans leur tonneau, et l'échauffement produit par l'impatience retarde leur engraissement.

Le premier jour, on ne donne aux volailles que la moitié de la ration ci-dessus indiquée; le second jour, elles reçoivent deux tiers de ration, et la dose entière à partir du troisième jour.

Voici de quelle manière on procède à la distribution : Chaque volaille est prise l'une après l'autre entre les genoux de l'ouvrière qui, pour la maintenir, lui appuie sur les pattes son pied qu'elle a soin de déchausser, pour ne pas la blesser. Ayant ainsi les deux mains libres, l'ouvrière ouvre le bec du poulet et y introduit le bout d'un petit entonnoir d'une forme adaptée à cet usage; le brouet est versé par ce moyen dans le gosier de l'animal, qui l'avale de force. Les poulets soumis à ce mode d'engraissement étant de races mélangées et de tailles souvent très-diverses, on donne à chacun plus ou moins de nourriture, selon la capacité présumée de son estomac. L'engraissement par cette méthode est censé complet au bout de 18 à 20 jours; chaque volaille a, par conséquent, consommé dans cet intervalle environ 3 kilog. de farine d'orge et 6 litres 1|2 à 8 litres de lait. Ces aliments ne sont pas très-coûteux; mais aussi, l'on ne peut obtenir par cette méthode que des volailles d'un volume médiocre, à un état de demi-engraissement.

A mesure qu'une volaille a pris son repas, elle est mise, non pas dans le tonneau dont elle sort, mais dans le tonneau vide, réservé à cet effet. A mesure que les poulets d'un tonneau sont rassasiés, et que ce tonneau se trouve vide à son tour, on en retire la litière sale pour la remplacer par de la paille fraîche, jusqu'à ce qu'on arrive au dernier tonneau de la série, qui reste vacant en attendant le prochain repas. On comprend tout ce que cette manière d'engraisser les volailles a nécessairement d'imparfait; néanmoins, ceux qui la mettent en pratique avec un peu de soin et d'intelligence réalisent des bénéfices assez élevés, surtout dans les familles de cultivateurs qui comptent parmi leurs membres des femmes et des adolescents souvent inoccupés, dont la main-d'œuvre peut ne pas être portée en compte dans les frais de l'opération.

Le calme, l'obscurité et une température douce favorisent sensiblement l'engraissement des volailles, soit par la méthode des environs de Paris, soit par tout autre procédé.

Quand le lait est assez cher pour qu'on puisse espérer d'en tirer un meilleur parti en lui donnant une autre destination, la farine d'orge est délayée avec de l'eau chaude à laquelle on ajoute une petite quantité de graisse de porc. La marche de l'engraissement n'en est pas très-sensiblement modifiée; seulement, les poulets ont la peau moins blanche et l'aspect moins appétissant que ceux dont le brouet a été délayé dans du lait pendant l'engraissement.

Méthode du Mans.

Les volailles engraissées dans la Sarthe, principalement au Mans et à la Flèche, par la méthode dite du Mans, sont des chapons ou des poulardes. On ne doit pratiquer la castration que sur les jeunes coqs les plus robustes et les mieux conformés, lorsqu'ils ont accompli leur quatrième mois; s'ils étaient opérés plus jeunes, ils ne prendraient pas assez de volume; s'ils l'étaient plus tard, on serait exposé à en perdre beaucoup; ils succomberaient en grand nombre aux suites de l'opération. Lorsqu'elle a réussi, ce qui a lieu toujours quand elle a été pratiquée par des mains exercées, la castration ne cause au poulet devenu chapon qu'une indisposition passagère; la plaie se cicatrise d'elle-même; il faut bien se garder de la frotter, selon l'usage adopté dans plusieurs cantons, avec un corps gras quelconque; ce serait le moyen de retarder la cicatrisation et de provoquer la gangrène, surtout pendant les fortes chaleurs. Quatre autres mois sont encore nécessaires au chapon pour compléter sa croissance, après quoi il est prêt pour l'engraissement.

L'un des faits les plus curieux de l'histoire naturelle du chapon, c'est que, lorsqu'on lui donne à conduire une couvée de jeunes poulets éclos par l'incubation artificielle, ou séparés à dessein de leur mère, le chapon, naturellement aussi craintif que le coq est hardi et courageux, adopte cette famille qui n'est pas la sienne, trouve dans son gosier des sons analogues aux gloussements de la poule qui rappelle ses petits, et devient vaillant pour les défendre au besoin, comme il l'était avant d'avoir changé de condition.

Quant aux poulardes, c'est une erreur de croire qu'on leur fait subir habituellement le retranchement de l'ovaire avant de les engraisser. Ce retranchement leur imposerait des souffrances inutiles et compromettrait leur existence sans aucun avantage réel en compensation. On engraisse, pour en faire des poulardes, les jeunes poules des grandes races bien conformées, sans leur faire subir préalablement aucune opération. Tout ce qui est nécessaire pour le succès de l'engraissement des poulardes, c'est qu'avant de le commencer elles aient atteint tout leur volume et qu'elles n'aient pas encore pondu. L'on pense généralement, dans la Sarthe, que les poules les meilleures pour devenir de bonnes poulardes, sont celles qui proviennent d'œufs fécondés par un très-jeune coq. On ne soumet à l'engraissement que des volailles qui ne soient pas trop maigres, ayant soin de les nourrir convenablement; les éleveurs de la Sarthe pensent avec raison que celles qui, avec une ration suffisante, ne sont pas bien en chair, ont quelque défaut de tempérament qui les empêcherait d'engraisser. Pour réunir toutes les conditions voulues quant à l'engraissement, les volailles doivent avoir les épaules larges, les pattes courtes et la peau des pattes très-fine et très-souple. Bien que cette dernière condition ne semble pas de rigueur, et qu'il soit difficile de trouver l'explication physiologique du rapport entre le souplesse de la peau des pattes des poulardes et leur disposition à prendre la graisse, on la signale comme fondée sur l'observation, et généralement admise par ceux qui ont en pareille matière le plus d'expérience.

Cages pour l'engraissement.

La forme particulière des cages où sont renfermées les volailles soumises à l'engraissement, d'après la méthode du Mans, est regardée comme fort importante; elles sont construites à claire-voie, en lattes de sapin ou de bois blanc; elles reposent, non pas sur le sol, mais sur des pieds de 50 centimètres de hauteur. La hauteur intérieure des cages est de 70 centimètres; elles ont $1^{m},20$ de large et une longueur variable à volonté, selon l'importance de l'opération. Ces cages ne s'ouvrent que par la partie supérieure, habituellement recouverte d'une toile métallique ou d'un grillage en bois qui se déplace à volonté; c'est par là que les volailles sont tirées des cages pour recevoir leurs rations, et remises en place après chaque repas. Les cages, dans les dimensions ci-dessus indiquées, sont assez spacieuses pour recevoir deux rangées de volailles disposées dos à dos, sans se toucher; elles ne sont jamais adossées à la muraille; elles sont établies au milieu d'un local assez large pour qu'on puisse les aborder de tous les côtés. Les têtes de toutes les volailles sont tournées vers l'extérieur et les queues vers l'intérieur des cages; au moyen de ces dispositions, elles ne peuvent ni se salir avec leurs déjections, ni se donner beaucoup de mouvement; un air sec, une température douce, l'obscurité et le calme hors des heures du repas, règnent constamment dans le local occupé par les cages des poulardes à l'engrais; afin que ce calme ne soit pas interrompu pendant l'acte important de la digestion, on se hâte de nettoyer les cages au moins une fois par jour, tandis que les volailles reçoivent leur ration.

La nourriture ordinaire des poulardes du Mans pendant l'engraissement consiste en une pâte de farine de sarrasin bien bluttée, pétrie avec du lait récemment tiré. On en forme des pâtons allongés, de la grosseur du petit doigt. Chaque volaille, maintenue entre les genoux de l'ouvrière, est prise d'une main par la peau de la tête, ce qui, sans la blesser, la contraint à ouvrir le bec; de l'autre main, l'ouvrière met le pâton dans le bec, et, par une pression ménagée, le fait glisser jusque dans le jabot. La dose ordinaire est de 200 grammes de farine par jour et par tête, pétris avec environ un décalitre de lait doux. On donne, comme dans la méthode des environs de Paris, trois repas par jour, le matin, à midi et le soir, avec la plus grande régularité possible. L'engraissement dure 20 jours, pendant lesquels chaque volaille a consommé en moyenne 4 kilog. de farine de sarrasin et 2 litres et demi à trois litres de lait. Quelquefois, le surplus de la méthode restant le même, on compose les pâtons par parties égales de farine de sarrasin, d'orge et d'avoine, et l'on ne fait par jour que deux distributions au lieu de trois. Le choix à faire entre ces deux systèmes d'alimentation des volailles à l'engrais, est déterminé par le prix des grains, prix variable d'une année à l'autre.

Méthode de la Bresse.

On engraisse beaucoup de volailles pour le marché de Lyon, dans le département de l'Ain (ancienne Bresse), par des procédés tout à fait analogues à ceux qu'on pratique dans la Sarthe; la construction des cages est un peu différente; elles sont tellement étroites que les volailles n'y peuvent faire, pour ainsi dire, aucun mouvement; elles ne peuvent que manger et dormir. Leurs rations, dans les mêmes proportions que pour la méthode du Mans, se composent de pâtons de farine de maïs pétrie avec du lait doux. La durée de l'engraissement est de 15 à 18 jours.

Méthode de la Campine.

Dans la partie de la province d'Anvers (Belgique) connue sous le nom de *Campine anversoise*, on engraisse un grand nombre de volailles qui ne le cèdent pas en valeur gastronomique aux poulardes du Mans et de la Bresse, et qui reviennent à beaucoup meilleur marché, parce que, d'une part, on leur distribue la farine de sarrasin *sans la blutter*, et que, de l'autre, on en forme une pâte molle avec du lait de beurre, beaucoup moins cher que le lait doux.

On n'engraisse en Campine que des volailles très-jeunes; à 6 mois elles sont déjà regardées comme trop vieilles; aussi ont-elles après l'engraissement un peu moins d'ampleur et de poids que celles de la Bresse et du Mans, sans avoir moins de qualité. On dispose dans un local obscur, où règne une température douce, une rangée de mues, dans le même ordre que les tonneaux, pour l'engraissement par la méthode des environs de Paris; chaque mue reçoit 10 à 12 volailles préparées à l'engraissement par une semaine de nourriture à discrétion, au grain, distribué en liberté. La nourriture, préparée à chaque fois au moment même de la distribution, consiste en 250 grammes, par tête et par jour, de farine de sarrasin non bluttée, pétrie avec du lait de beurre, qu'on nomme dans le pays *du lait battu*. L'ouvrière chargée de la distribution procède exactement comme dans la méthode du Mans; elle a à sa droite les mues remplies de volailles, et à sa gauche une mue vide où elle les remet une à une, à mesure qu'elles ont reçu leur ration. Les mues reposent sur le sol recouvert d'une couche épaisse de litière qu'on renouvelle tous les jours ou même deux fois par jour, quand on le juge nécessaire au maintien de la propreté; cela suffit pour préserver les volailles de la maladie du piétin et de l'envahissement des insectes parasites. Tous les trois jours, après le repas du matin, on fait avaler à chaque volaille une cuillerée de lait doux récemment tiré.

Rien de plus économique que cette méthode, par laquelle l'engraissement est complet en 12 jours. Chaque volaille a consommé par conséquent 3 kilogrammes de farine de sarrasin non bluttée, et un demi-litre environ de lait doux; la valeur du lait de beurre employé à former les pâtons n'est que de quelques centimes par litre.

Si, dans tous ceux de nos départements où le sarrasin

est abondant et à bas prix, les meilleures races de volailles pour la table étaient introduites et propagées par les soins des propriétaires éclairés et des comices agricoles, et que ces volailles fussent engraissées par la méthode de la Campine, méthode qui n'exige ni matériel, ni local spécial, ni frais exagérés de main-d'œuvre, la pratique de cette industrie, très-lucrative, suffirait pour faire régner dans les familles des petits cultivateurs une aisance relative, à la place de la gêne et de la misère.

CHAPITRE X.

ENGRAISSEMENT DES DINDONS, OIES, CANARDS ET PIGEONNEAUX.

Engraissement du dindon. — Engraissement de l'oie. — Régime préparatoire. — Loges en planches. — Aliments pendant l'engraissement. — Litière. — Ligature des pattes. — Engraissement poussé à ses extrêmes limites. — Engraissement du canard. — Des pigeonneaux. — Durée de l'engraissement. — Régime alimentaire. — Accroissement de valeur des pigeonneaux engraissés.

Si les avantages de l'engraissement des volailles, tels que nous avons cherché à les démontrer dans le chapitre précédent, étaient généralement bien compris, aucune volaille ne serait livrée à la consommation sans avoir été préalablement engraissée; car le bénéfice, résultant de l'engraissement par le producteur comme par le consommateur, est le même à l'égard de toutes les volailles, sans exception.

Engraissement du dindon.

Le dindon prend difficilement la graisse tant qu'il n'a pas acquis toute sa croissance; il ne faut commencer à l'engraisser que lorsqu'il a cessé de grossir. On peut soumettre les dindons à l'opération de la castration; mais les suites en sont si souvent fatales, que l'on en perd, presque toujours, neuf sur dix; aussi la castration des dindons est-elle très-rarement pratiquée. Lorsqu'elle réussit, elle donne des volailles énormes, aussi bonnes que volumineuses; mais les risques sont tels, que bien peu d'éleveurs consentent à en faire courir la chance aux jeunes dindons qu'ils ont eu tant de peine à élever.

Le dindon a plus besoin d'exercice que les autres oiseaux de basse-cour; on en perdrait beaucoup si, dès le début de l'engraissement qui dure de 7 à 8 semaines, on le privait de mouvement et de lumière. On laisse aller au pâturage, avec les autres dindons, ceux qu'on se propose d'engraisser; le matin et le soir ils reçoivent un repas copieux de grain ou de criblure. Après 15 jours de ce régime, les dindons, déjà passablement gras, reçoivent des pâtons de farine d'orge ou de sarrasin pétrie avec des pommes de terre cuites écrasées; la dose est de 500 grammes, par jour et par tête, pour les dindons de moyenne grosseur; on proportionne les rations au volume de chaque volaille. Pendant la dernière semaine de l'engraissement les dindons sont placés par groupes de 4, sous des mues, dans un lieu obscur, tout en continuant à recevoir, en deux ou trois repas, les rations de pâtons; ils finissent par devenir très-gras, et, comme en cet état ils sont très-recherchés et peuvent être vendus fort cher, le prix qu'on en obtient couvre, avec un bénéfice important, la dépense occasionnée par leur consommation pendant l'engraissement.

Il n'y a pas de profit à pousser jusqu'à son extrême limite l'engraissement des vieux dindons reproducteurs, qu'il est néanmoins nécessaire d'engraisser plus ou moins avant de les livrer à la consommation; si l'on voulait mener leur engraissement jusqu'où il peut aller, la valeur très-peu élevée des vieilles dindes, même lorsqu'elles sont très-grasses, constituerait l'éleveur en perte.

Engraissement des oies.

L'oie, pourvu qu'on ne la nourrisse pas avec trop de parcimonie, n'est jamais précisément maigre ; toutes les races, peu différentes entre elles, qu'on élève en Europe, ont une égale disposition à prendre la graisse. L'époque de l'année pendant laquelle il est le plus avantageux d'engraisser les oies de l'année précédente, commence en juillet et finit en novembre. De mars en juillet, les oies sont préparées pour l'engraissement en recevant, outre la nourriture qu'elles trouvent au pâturage, une ration modérée d'avoine et de pommes de terre ou de betteraves cuites écrasées. Ce régime leur fait prendre tout le développement propre à leur race; il rend l'engraissement à la fois plus facile et plus profitable. En coupant, au moyen du *coupe-racine*, les betteraves en tranches très-minces, on peut se dispenser de les faire cuire, ce qui diminue les frais de l'élevage des oies dans une proportion assez sensible, lorsqu'on doit en engraisser un très-grand nombre en même temps.

Pour engraisser complétement les oies, on leur construit, soit en planches minces, soit en treillage, dans un local obscur et tranquille, des cases où chacune d'elles est enfermée isolément. Là, elles reçoivent de l'avoine à discrétion et un breuvage composé de 60 grammes de farine de seigle ou d'orge, dans un litre d'eau. Leur litière, composée de paille ou d'herbes sèches, doit être renouvelée aussi souvent que l'exige l'entretien de la propreté, non moins nécessaire aux oies à l'engrais qu'aux autres volailles en voie d'engraissement. Souvent, par voracité ou par désœuvrement, les oies mangent leur litière ; cet aliment, peu substantiel, retarde l'engraissement au lieu de l'avancer. Lorsqu'on s'aperçoit qu'elles ont contracté cette habitude, on multiplie les distributions d'orge et d'avoine qu'on peut renouveler sans inconvénient huit à dix fois par jour. Les oies sont plus promptement grasses; mais, en dernière analyse, elles n'ont pas consommé plus d'aliments que si la durée de leur engraissement eût été plus prolongée. Il faut 10 à 12 litres d'avoine et 2 kilogrammes et demi à 3 kilogrammes de farine de seigle ou d'orge délayée en breuvage, pour amener une oie de taille ordinaire à un état de graisse très-satisfaisant. Si l'on veut les engraisser davantage, rien n'est plus facile, car leur appétit ne diminue pas à mesure qu'elles engraissent. Dans ce cas, on les tient dans une obscurité complète et on leur attache les pattes sous le ventre pour qu'elles restent dans une complète immobilité. Avant de se décider à faire prendre aux oies cet excès de graisse, il faut comparer le prix qu'on peut obtenir des oies très-grasses aux frais nécessaires pour compléter leur engraissement; dans les circonstances ordinaires, il y a plus de bénéfice à vendre les oies modérément grasses.

Engraissement du canard.

De tous les oiseaux de basse-cour, le canard est celui qu'on vend le plus habituellement sans prendre la peine de le soumettre à une méthode quelconque d'engraissement; sa disposition à prendre la graisse est telle, que, même lorsqu'il ne reçoit pas beaucoup d'aliments, il est presque toujours gras. On peut, en 10 à 15 jours, l'amener à un état de graisse excessif en lui distribuant, à discrétion, les mêmes aliments et le même breuvage indiqués pour l'engraissement de l'oie. On ne peut trop recommander le nettoyage fréquent des loges habitées par les canards pendant l'engraissement; la litière sale doit être enlevée et remplacée *deux fois par jour*. Sans cette précaution, le contact du canard avec ses déjections lui fait contracter une odeur repoussante que les plus savantes préparations culinaires ne lui font pas perdre complétement.

Engraissement des pigeonneaux.

Lorsqu'on veut tirer tout le parti possible des jeunes pigeons, il faut les engraisser avant de les vendre. A cet effet, on les retire du nid dès qu'ils manifestent le désir d'en sortir, et avant qu'ils soient en état de prendre leur volée. Ils sont déposés tout près les uns des autres dans de grands paniers ronds, à fond plat, à bords peu élevés, à moitié remplis de paille fraîche qu'il faut renouveler au moins une fois par jour, pendant l'engraissement. Une toile, assez épaisse pour que les pigeoneaux soient dans l'obscurité, est tendue par-dessus les paniers. Deux ou trois fois par jour on leur donne une forte ration de pois, de vesce ou de maïs à poulets, non pas crus, mais cuits à l'eau suffisamment pour les ramollir. Habitués à être nourris par leurs parents, les pigeonneaux, doués de très-peu d'instinct, même lorsqu'ils sont gros comme père et mère, ne prennent pas d'eux-mêmes leurs aliments; il faut les leur faire avaler en leur ouvrant le bec avec précaution; en 5 à 6 jours de ce régime les pigeons deviennent très-gras. On peut aussi les engraisser, dans le même espace de temps, avec un brouet liquide versé dans leur gosier, au moyen d'un entonnoir; mais cette méthode, qui n'offre d'ailleurs aucune économie de temps, de frais ni de main-d'œuvre, est plus embarrassante que celle de l'engraissement au grain cuit; elle n'est pratiquée que dans quelques exploitations des environs de Paris, où on l'applique en grand à l'engraissement des poulets, et où l'on a toujours un nombre suffisant d'ouvrières habituées à ce genre de service.

Dans un pigeonnier bien monté, on peut prendre par semaine plus de 100 pigeonneaux prêts pour l'engraissement, de la fin du printemps au commencement de l'automne; s'ils sont soumis à l'engraissement, leur valeur vénale est doublée et ils n'ont pas consommé, en 6 jours, pour plus de 15 ou 18 centimes de grain par tête. L'engraissement des pigeonneaux, lorsqu'on opère en grand, est, toute proportion gardée, aussi profitable que celui de toute autre volaille.

CHAPITRE XI.

DES GARENNES FORCÉES.

Garennes forcées. — Fécondité du lapin. — Choix de l'emplacement. — Clôture. — Fossés. — Murs. — Peuplement. — Lapins domestiques à robe grise. — Nourriture à distribuer l'hiver aux lapins libres. — Enlèvement des produits. — Panneaux. — Vente des produits. — Nécessité d'éviter l'encombrement dans les garennes forcées.

Le lapin sauvage ne diffère pas essentiellement du lapin domestique ; il est seulement un peu plus petit ; la couleur de son poil est uniformément grise, tandis que le lapin domestique est gris, blanc, noir, roux ou bigarré de deux de ces couleurs. Le lapin sauvage et le lapin domestique sont bien néanmoins une seule et même race ; la preuve en est dans ce fait si souvent vérifié, que si l'on rend à la vie sauvage des lapins domestiques, quelle que soit la couleur de leur poil, en quelques générations ces lapins prennent la robe grise en même temps que leur taille diminue. Il devient alors impossible de les distinguer des lapins sauvages; ils sont retournés complétement au type primitif de leur espèce.

Fécondité du lapin.

On connaît la prodigieuse fécondité du lapin; à six mois, il se reproduit; la femelle ne donne pas moins de 5 portées par an; elle en donne assez souvent 6; chaque portée est de 4 ou 5 petits. Il n'est pas étonnant, d'après cela, que la loi sur la chasse ait classé le lapin au nombre des animaux nuisibles, qu'il est permis de détruire en toute saison, et qu'elle autorise les cultivateurs, dont les champs sont dévastés par les lapins, à obliger les propriétaires des bois où ces animaux se multiplient avec excès à réparer les dégâts qu'ils ont pu commettre. Le lapin sauvage, par la rapidité de sa multiplication, deviendrait, en effet, un véritable fléau, si, indépendamment des chasseurs, plusieurs ennemis, entre autres le loup et le renard, ne lui faisaient une guerre assidue et n'étaient sans cesse occupés à en réduire le nombre; sans quoi, il faudrait renoncer à cultiver les champs dans le voisinage des bois peuplés de lapins.

Ce qui précède n'empêche nullement que, dans certaines situations, on ne puisse élever le lapin avec bénéfice à l'état sauvage, dans des terrains parfaitement clos, désignés sous le nom de *garennes forcées*, parce que les bois de peu d'étendue nommés *garennes* sont ceux où le lapin sauvage multiplie avec le plus de facilité.

Choix de l'emplacement d'une garenne forcée.

Lorsqu'on choisit l'emplacement pour l'établissement d'une garenne forcée, il faut, avant tout, consulter le climat local; les expositions du sud, de l'est et de l'ouest sont les plus favorables; celle du nord favorise trop l'accumulation de la neige, qui nuit sensiblement aux jeunes lapins et dépeuple parfois complétement les garennes. Dans tout le nord de la France et sur notre littoral de la Manche et de l'Océan, les garennes à l'exposition de l'ouest sont trop battues par les pluies violentes qu'amènent fréquemment les vents soufflant de ce point de l'horizon. Quant au sol, une des conditions de succès les plus indispensables, c'est qu'il soit suffisamment pénétrable et qu'il ne retienne pas l'humidité; il ne doit, par conséquent, pas être trop argileux. Le lapin prospère mieux dans les terrains très-légers, d'une nature siliceuse, où l'eau des pluies s'infiltre promptement et dont le sol la laisse aisément s'écouler. Il est vrai que les terres siliceuses très-légères sont peu fertiles, et que les végétaux, dont les lapins à l'état sauvage doivent se nourrir, y croissent avec peu de vigueur; mais cette circonstance est plus utile que contraire à la réussite d'un établissement de ce genre. Si la terre d'une garenne forcée est trop fertile, les lapins y sont plus semblables aux races domestiques qu'au vrai lapin sauvage; sans prendre beaucoup de volume, lorsqu'ils vivent au milieu d'une herbe abondante et grasse, leur chair perd cette saveur de gibier qui la fait rechercher des gastronomes, et sur laquelle repose en grande partie leur valeur vénale. Il ne faut pourtant pas établir une garenne forcée dans un sable tellement stérile que les lapins n'y trouveraient rien à manger, et si mobile qu'ils ne pourraient y creuser leurs demeures souterraines.

Clôture.

Le point capital, et aussi le principal objet de dépense pour l'établissement d'une garenne forcée, c'est la clôture. On ne peut, à moins d'en avoir fait l'expérience, se figurer à quelle profondeur le lapin est capable de fouiller, quand le sol n'est pas trop dur, pour passer par-dessous les fondations des murailles et prendre la clef des champs. Nous avons connu dans la vallée d'Orsay (Seine-et-Oise) un propriétaire qui s'était avisé de convertir en garenne forcée une partie d'un parc, entourée d'un mur semblable à celui d'un jardin. La première année, il vendit plusieurs milliers de lapins, et se félicita du succès de son entreprise. Mais, dès le printemps de la seconde année, les lapins, se trouvant trop nombreux dans un espace trop resserré, fouillèrent sous les fondations peu profondes des murs de clôture et se répandirent dans les campagnes voisines. Le propriétaire de la garenne eut le double désagrément de voir ses lapins servir à régaler à ses dépens tout son voisinage, et de recevoir un déluge de procès-verbaux et d'assignations, en raison des dommages causés aux récoltes par ses légions de lapins, qu'il n'avait pas pu retenir : il y renonça.

Il faut donc que les fondations des murs de clôture d'une garenne forcée soient établies à 60 centimètres au moins de profondeur, ce qui naturellement coûte fort cher. Quand le sol est tout plat, on peut remplacer les murs de clôture par un large fossé plein d'eau ; les lapins ne peuvent ni franchir cet obstacle à la nage, ni pratiquer des galeries d'évasion par-dessous. Si le terrain est en pente, ce qui est préférable, et qu'on dispose d'un filet d'eau, le haut et le bas de la garenne forcée peuvent être fermés par un fossé ; les côtés seuls ont besoin d'un mur de clôture. Dans tous les cas, un filet d'eau vive doit traverser un coin de la garenne pour servir d'abreuvoir aux lapins.

Peuplement.

Pour peupler une garenne forcée, on peut y lâcher des lapins domestiques ; ils y deviennent bientôt sauvages, et leur postérité consiste en vrais lapins de garenne, surtout lorsqu'on fait choix, à cet effet, d'une race entièrement grise, la plus rapprochée possible de la race sauvage. Mais, le plus souvent, on peuple la garenne de lapins sauvages, pris vivants, au moyen du furet, solidement muselé. Le furet, ennemi acharné du lapin, est introduit dans le terrier du lapin; bien qu'il lui soit impossible de mordre et que rien ne soit plus facile pour le lapin, armé de dents tranchantes, que d'étrangler son adversaire, éperdu de frayeur, il n'en a même pas la pensée; il fuit vers l'ouverture opposée de son terrier et vient donner dans un filet en forme de bourse à ressort qui se referme derrière lui; il s'y prend sans se blesser. Il ne faut pas introduire dans une garenne forcée plus d'un lapin mâle à raison de 30 femelles.

Il n'est pas nécessaire que le terrain consacré à la garenne forcée soit entièrement boisé; s'il y a des clairières, on peut, avant de peupler la garenne, leur donner une culture superficielle et y semer du trèfle blanc, de la minette dorée et de la pimprenelle; ce sont les plantes qui conviennent le mieux aux lapins. Dans tous les cas, il ne faut jamais compter entièrement sur les produits du sol de la garenne forcée pour la nourriture des lapins pendant la mauvaise saison. On construit à deux des angles des murs de clôture de petits toits en appentis, sous lesquels on dépose du fourrage sec, que les lapins savent parfaitement venir chercher. C'est un spectacle amusant, quand la terre est couverte de neige, de voir accourir des bandes de lapins, les plus vieux en tête, les mères suivies de leurs petits, récemment sevrés, vers le dépôt de fourrage, auquel on peut joindre quelques carottes fourragères. Si l'on a pris soin de se ménager une retraite d'où l'on puisse les observer sans les effaroucher, on les voit manger tous en commun, de très-bon accord; au moment où le repas est le plus animé, si l'observateur se montre et qu'il frappe dans ses mains, toute la bande fuit dans le plus grand désordre; il est alors assez facile de prendre à la main ou bien au moyen d'un filet à long manche, quelques-uns des plus jeunes lapins qui n'ont pas pu fuir aussi lestement que les autres, parce que l'excès de la frayeur a paralysé leurs mouvements.

Enlèvement des produits.

Trois ou quatre fois dans le courant de la belle saison, il est nécessaire de prendre une partie des lapins, afin d'éclaircir les rangs et d'en tirer parti. On doit bien se garder d'entrer dans la garenne forcée avec des chiens et des fusils; on troublerait les femelles en train d'élever une portée, la dépopulation serait trop forte, le but serait dépassé. On tend des panneaux en toile ou en filet près d'un angle de la garenne, le matin, à l'heure où les lapins sortent pour brouter, ou le soir avant qu'ils ne se soient retirés chez eux pour passer la nuit. Les lapins sont rabattus du côté des panneaux, non par des chiens, mais par plusieurs personnes marchant de front et poussant des cris, afin d'effrayer les lapins et de leur couper la retraite vers leurs terriers. On peut choisir pour les battues, pendant les sécheresses de l'été, l'heure où les lapins viennent prendre leur part des fourrages mis à leur disposition pour suppléer à l'insuffisance du pâturage qui leur fait défaut. Comme ils y viennent presque tous à la fois, il est facile de les faire, selon l'expression reçue, donner dans le panneau. A mesure qu'on les prend, un à un, on a soin de relâcher les femelles pleines et celles qui ont des portées à nourrir; on remet aussi en liberté les mâles les plus forts et les mieux conformés, qui doivent être conservés comme reproducteurs. On reconnaît les femelles à remettre en liberté à la grosseur du ventre lorsqu'elles sont pleines, et au gonflement des mamelles lorsqu'elles allaitent une portée. Le produit d'une garenne forcée, dirigée avec intelligence, peut être fort considérable, aujourd'hui surtout que la rigoureuse exécution de la loi sur la chasse prive les cuisines de toute espèce de gibier pendant la plus grande partie de l'année. Le lapin, élevé dans les garennes forcées, possède la valeur gastronomique d'un excellent gibier, dont on peut approvisionner les cuisines toute l'année.

Il vaut mieux répéter trop souvent les battues que de laisser s'écouler entre elles de trop longs intervalles. Les lapins qu'on laisse vieillir, les mâles surtout, deviennent féroces; ils se battent entre eux et s'exterminent dès qu'ils se trouvent réunis en trop grand nombre; n'ayant pas plus le sentiment de la paternité que celui de la fraternité, ils étranglent fréquemment leurs petits, que la mère ne peut défendre. Il n'y a pas grande perte à subir à vendre les lapins un peu trop jeunes, c'est-à-dire avant qu'ils aient atteint toute leur grosseur; s'ils ont moins de volume, leur chair a plus de qualité; quant au prix qu'on en peut obtenir, il y a compensation. Dans les garennes forcées qui contiennent trop de lapins, il éclate assez souvent des maladies qui les emportent tous. Après un tel désastre, il faut faire enlever soigneusement les morts, combler les anciens terriers, labourer et ensemencer de nouveau le sol en graines de plantes fourragères, et ne pas repeupler la garenne forcée avant un intervalle de six mois pour le moins.

CHAPITRE XII.

DE L'ÉLEVAGE ET DE L'ENGRAISSEMENT DES LAPINS DOMESTIQUES.

Lapins domestiques. — Races françaises. — Lapins communs. — Lapin riche. — Lapin angora. — Gris des Ardennes. — Blanc Rochellois. — Angora gris. — Perle de Varades. — Races étrangères. — Flamand d'Audenaerde. — Lapin-lièvre anglais de Yarmouth. — Lapin anglais de fantaisie à oreilles pendantes. — Clapier. — Construction. — Emplacement. — Choix des reproducteurs. — Multiplication. — Élevage. — Aliments. — Boisson. — Engraissement.

Le lapin domestique fabrique la viande à très-bas prix et en très-grande quantité par rapport à la somme d'aliments qu'il consomme. La chair du lapin est fort saine, et quand l'animal a été abattu jeune, c'est un excellent aliment; elle se prête d'ailleurs à toute sorte d'assaisonnement, par cela même qu'elle n'a pas une saveur très-prononcée; la castration et l'engraissement rendent la chair du lapin beaucoup plus délicate. L'élevage en grand du lapin domestique est toujours une opération profitable lorsqu'elle est bien conduite; mais il ne faut pas se figurer que, comme le pensent beaucoup de ménagères à la campagne, le lapin s'élève bien tout seul, et qu'il ne faut en prendre aucune espèce de soin; cette erreur est le point de départ des déceptions et des mécomptes auxquels donne lieu si souvent l'élevage du lapin.

Races françaises.

On élève en France trois races principales de lapins domestiques, le *lapin commun*, le *lapin riche* et le *lapin angora*. Le lapin commun, gris foncé sur le dos, gris clair sous le ventre, est le plus avantageux de tous à élever en grand; c'est le plus rustique, le moins sujet aux maladies, le plus productif, et celui qui s'accommode le mieux des aliments secs ou frais qu'on peut avoir à lui distribuer. Les sous-variétés, diversement colorées, sont moins avantageuses; on recommande dans cette race le lapin gris des Ardennes, dont il faut tirer les reproducteurs de la vallée de la Meuse (de Sedan à Givet), pour l'avoir dans toute sa pureté, et le lapin blanc, avec les yeux cerclés de noir, originaire des environs de la Rochelle (Charente-Inférieure). Ces deux sous-variétés sont fixes; elles se reproduisent sans variations; la rusticité et la fécondité sont leurs qualités les plus précieuses. Elles sont de beaucoup préférables à ces races sans nom, mélangées, abâtardies, où l'on trouve des individus de toutes les tailles et de tous les poils dans une même portée, quelle que soit la couleur du père et de la mère, et dont la fécondité n'est qu'apparente; car, le plus souvent, sur des portées très-nombreuses, c'est à peine si deux ou trois lapins parviennent à l'âge adulte, tandis que les ardennais et les rochellois s'élèvent presque tous.

Le lapin riche est remarquable par la beauté de son poil lustré, moins long que celui du lapin angora, mais assez fourni néanmoins pour être utilisé par les fourreurs. Il est de grande taille, le plus souvent tout noir, ou bigarré de blanc et de noir, plus rarement roux ou fauve. Il est délicat, difficile à élever, et lorsqu'on se propose de l'engraisser, il supporte assez mal la castration ; par compensation, la qualité de sa chair est supérieure à celle du lapin commun.

Le lapin angora, de couleur gris-perle, est peu répandu en France, si ce n'est dans une partie de la vallée de la Loire, qui a pour centre le bourg de Varades; c'est pourquoi, dans tout l'ouest de la France, on ne connaît le lapin angora gris-perle que sous le nom de lapin de Varades. C'est une sous-variété très-distincte, un peu plus grosse que le lapin commun; la longueur de son poil le fait paraître énorme. On tond tous les ans le lapin angora, comme les moutons, vers le milieu de l'été; avant que son poil soit repoussé, la grosseur de sa tête et la longueur démesurée de ses oreilles lui donnent une physionomie des plus étranges. Comme le lapin riche, le lapin angora ne résiste pas toujours à la castration; il s'engraisse difficilement, et sa chair un peu longue n'est que de seconde qualité. Par compensation, son poil, dont on fabrique des gants fourrés et d'autres objets du même genre, se vend à un bon prix et constitue, lorsqu'on en élève un assez grand nombre, un revenu qui n'est pas à dédaigner.

Races étrangères.

Les belles et bonnes races de lapins autres que les races françaises ne nous sont pas inconnues depuis qu'elles ont figuré avec honneur à la grande exposition agricole universelle. Les plus dignes d'être introduites et multipliées en France sont : le *lapin flamand d'Audenaerde*, le *lapin-lièvre de Yarmouth*, et le *lapin anglais de fantaisie*.

Le lapin flamand d'Audenaerde est à peu près deux fois aussi gros que le lapin commun; lorsqu'il est châtré et engraissé, il devient très-volumineux et peut peser jusqu'à 3 kilogrammes. Son poil est gris, tirant un peu plus sur le brun que celui du lapin gris commun, dont il a d'ailleurs la fécondité et la rusticité; sa chair est excellente, même lorsqu'il est engraissé sans avoir subi l'opération de la castration, à laquelle il résiste aussi bien que les autres sous-variétés de lapins les plus rustiques. Les habitants des deux Flandres (Belgique) donnent à cette belle race des soins particuliers pour la conserver pure; ils exportent beaucoup de lapins pour la Grande-Bretagne. Près de Gand, de Bruges et des autres villes importantes des Flandres, les auberges où l'on débite du lapin fricassé ont pour enseigne un lapin d'Audenaerde, avec l'inscription ingénieuse : « Ici, je mange et je suis mangé. » Rien de plus facile que de se procurer de bons reproducteurs de cette excellente race sur les marchés de Douai, de Cassel et de Lille; le lapin d'Audenaerde est répandu et très-apprécié dans tout le département du Nord.

Le *lapin-lièvre* (*Hare-Rabbit*), ainsi nommé par les Anglais en raison de la couleur de son poil qui se rapproche de celle du lièvre, est, sans contredit, la plus belle et la meilleure des races de lapins qui existent en Europe. Sans être soumis à la castration, le lapin-lièvre dépasse fréquemment le poids de 4 kilogrammes; étant châtré jeune, puis engraissé, il pèse jusqu'à 6 kilogrammes. Il n'est ni plus difficile sur le choix des aliments, ni moins rustique que le lapin commun. Sa peau, travaillée par le mégissier, retient très-bien son poil et forme une fourrure commune, mais chaude, à bas prix et très-durable, principalement employée en Angleterre pour garnir l'intérieur des chaussures et doubler des vêtements d'hiver. On a lieu de s'étonner que le lapin-lièvre soit si peu répandu en France, où il réussirait aussi bien qu'aux environs de Yarmouth, son pays natal, d'où les amateurs peuvent en tirer, à des prix modérés, de très-bons reproducteurs.

Le *lapin anglais de fantaisie* tient le milieu pour la taille entre le lapin d'Audenaerde et le lapin-lièvre; il a pour signe distinctif la longueur des oreilles, qui pendent des deux côtés de la tête, et que l'animal n'a pas la faculté de redresser à volonté, comme le font les lapins des autres races. Il y a en Angleterre des sociétés pour la propagation et l'amélioration du lapin de fantaisie. La principale d'entre ces sociétés porte le nom de Club des lapins de fantaisie (*Fancy rabbit Club*); elle est présidée par S. A. le prince Albert, époux de la reine Victoria. Le lapin de fantaisie n'est ni plus fécond, ni meilleur que le lapin commun; sa chair est inférieure en qualité à celle du lapin riche et du lapin-lièvre; il est en Angleterre l'objet d'un engouement très-inoffensif, à coup sûr, mais uniquement fondé sur une beauté toute de convention, et qui n'est justifié par aucun mérite spécial de cette variété au point de vue économique. On peut néanmoins regarder sa propagation en France comme désirable, en ce qu'elle grossit fort vite et devient très-volumineuse, même en ne consommant pas beaucoup d'aliments.

Habitation des lapins domestiques.

On nomme *clapier* le local spécialement destiné aux lapins domestiques; malheureusement, chez la plupart de ceux qui élèvent des lapins, ce local n'existe pas. On entasse les lapins dans de vieilles caisses ou des futailles usées, où ils vivent dans la malpropreté la plus révoltante, au milieu d'une atmosphère infecte qui ne se renouvelle jamais; et l'on s'étonne que des nichées entières de lapins, nés très-bien portants, soient emportées par la maladie, sans qu'il en reste un seul. Rien de plus propre que l'intérieur du terrier d'un lapin; il ne s'y retire que pour passer la nuit; le grand air, auquel il reste exposé tout le jour, lui est indispensable; la femelle conduit ses petits à l'air aux environs de sa demeure dès qu'ils sont assez forts pour commencer à manger; ces indications montrent assez combien la propreté et l'air pur sont utiles au lapin domestique.

Lorsqu'on veut élever des lapins sur une grande échelle, le clapier doit être établi dans un cellier ou sous un hangar bien aéré; il consiste en un ou plusieurs étages de cabanes ayant chacune un mètre en tous sens. Le plancher est incliné de quelques centimètres seulement d'avant en arrière; de cette manière, les urines s'écoulent de toutes les cabanes par une rigole commune qui les conduit au dehors; s'il y a plusieurs rangées de cabanes superposées les unes aux autres, l'urine ne peut s'infiltrer de haut en bas, ce qui aurait lieu nécessairement si le plancher des cabanes était horizontal. Pour la facilité du nettoyage des cabanes, on en laisse une vacante au bout de chaque rangée; toutes communiquent entre elles au besoin par une porte latérale à coulisse; pour le nettoyage général, qui doit avoir lieu une fois au moins par semaine, on ouvre cette porte; les lapins passent dans la cabane vacante, et successivement dans chacune des cabanes nettoyées à fond. La partie antérieure est formée, soit d'un treillage clair en bois dur, soit d'un grillage en fil de fer, préférable au treillage, que les lapins s'amusent fréquemment à ronger, quand ils n'ont rien de mieux à faire.

Choix des reproducteurs.

Pour bien comprendre à quel point il importe de choisir, avec le plus grand soin, les reproducteurs des deux sexes, quelle que soit la race de lapins à laquelle on accorde la préférence, il faut se rappeler que, chez le lapin, les qualités et les défauts sont héréditaires à un plus haut degré que chez les autres animaux domestiques. Ainsi, jamais un mâle faible, ou mal conformé, ne peut donner naissance à une postérité robuste et bien constituée. Il ne faut donc pas s'attacher uniquement, comme le font beaucoup d'éleveurs, à choisir, pour reproducteurs, les mâles les plus volumineux de chaque variété de lapins; il faut examiner surtout s'ils ont un bon tempérament et un bon caractère. Il leur arrive assez souvent d'être tellement querelleurs qu'ils battent et maltraitent les femelles, et les étranglent même quelquefois. Ceux qui font preuve d'une telle brutalité doivent être sacrifiés, quand même ils auraient les meilleures formes et la plus belle apparence. Le procédé le plus sûr pour obtenir des reproducteurs réunissant toutes les qualités désirables, c'est de les choisir très-jeunes dans les portées, de les isoler, de s'en occuper beaucoup et de les rendre très-familiers. Il est sans exemple qu'un lapin mâle bien apprivoisé, habitué à être caressé et à manger dans la main de la personne qui l'a élevé, se soit montré brutal ou féroce envers ses femelles.

Parmi celles-ci, il en est qui ont la mauvaise habitude de manger leurs petits; dès qu'on s'en aperçoit, elles doivent être tuées et livrées à la consommation. Cette disposition à une cruauté contre nature n'existe jamais chez les femelles bien nourries, bien soignées et bien apprivoisées; plus on s'en occupe, plus on les habitue à rechercher la société et les caresses des gens de la maison, plus on peut compter qu'elles se montreront bonnes mères et soigneuses envers leurs petits. Cette indication n'est pas difficile à suivre; le lapin domestique, des deux sexes, est naturellement très-disposé à vivre familièrement avec l'homme et à recevoir avec plaisir ses caresses.

Multiplication.

La proportion, entre le nombre des mâles et celui des femelles, est d'un mâle par 12 à 15 femelles au plus; ils ne doivent pas être habituellement ensemble; on les tient dans des cabanes séparées; ils ne sont réunis passagèrement que pendant 12 heures, après quoi chaque femelle est replacée dans sa loge. La durée de la gestation est de 30 à 31 jours. Quelques jours avant de devenir mère, la femelle entasse, dans un coin de sa cabane, de la litière sèche dont elle forme un nid; elle en garnit le fond avec du poil qu'elle s'arrache sous le ventre. Lorsqu'on nettoie la cabane, il faut éviter soigneusement de déranger ce nid, soit avant la mise bas, soit après que les petits sont nés.

Quelquefois les portées des femelles du lapin domestique sont de 10 et même de 11 petits : c'est plus que la meilleure femelle n'en peut allaiter; on risquerait de les perdre tous si on ne lui en ôtait une partie qu'on peut confier à celles qui n'en ont donné qu'un petit nombre. Les plus robustes ne peuvent pas nourrir plus de 8 petits; les plus jeunes et les plus délicates n'en doivent nourrir que 6. Lorsqu'il y a lieu d'en sacrifier quelques-uns, on réserve, bien entendu, les mieux constitués. Mais cette nécessité n'existe pas souvent; le nombre des petits de chaque portée est ordinairement proportionné à la force des mères. Tant qu'elles ont une portée à nourrir, elles doivent recevoir un supplément de ration consistant en son et en avoine; sans quoi, elles sont très-fatiguées après l'allaitement, et les portées suivantes ont peu de chance de succès.

Quand les lapins domestiques sont bien logés, bien nourris et tenus proprement, chaque femelle peut donner par an six portées, et élever à chaque portée 6 à 8 petits; l'éleveur peut compter sur une moyenne de 36 à 40 petits par femelle. Il est vrai que, sous le régime auquel sont ordinairement soumis les clapiers, il règne souvent une mortalité qui emporte le plus grand nombre des jeunes lapins; mais il dépend entièrement de l'éleveur d'éviter de semblables accidents Les lapins âgés de 35 à 40 jours n'ont plus besoin de leur mère; ils peuvent dès lors être traités comme les lapins adultes. La durée naturelle de la vie du lapin est de 8 à 9 ans; c'est l'âge que peuvent atteindre ceux de ces animaux qu'on élève comme des chiens ou des chats, non pour le profit, mais pour l'agrément. Ils s'attachent à leur maître et apprennent facilement à faire toute sorte de tours d'adresse très-amusants; ils deviennent d'une excessive familiarité, et se font volontiers les camarades intimes des chiens et des chats de la maison. Ceux qu'on réserve uniquement à titre de reproducteurs, ne peuvent pas être conservés au delà de 4 ans; déjà, à l'âge de 3 ans, leur chair est devenue filandreuse; il n'est presque plus possible d'en tirer aucun parti.

Élevage des lapins.

Dès que les lapins sont séparés de leur mère, on met part les mâles et les femelles, afin de les élever en deux lots isolés : cette précaution est indispensable. Quel que soit le genre d'aliments qu'on leur distribue, il importe beaucoup que ces aliments, frais ou secs, ne puissent être souillés de l'urine du lapin ; cette urine contient du phosphore ; les fourrages qui en sont imprégnés deviennent pour lui un véritable poison. Les accidents qui peuvent en résulter sont aisément évités lorsque, au lieu de déposer à plat, sur le plancher de la loge, la ration du lapin, on la lui donne dans un râtelier semblable, sauf les dimensions, à ceux des étables et des écuries ; le lapin s'habitue très-vite à se dresser sur ses pattes de derrière pour manger. Lorsqu'on adopte cet excellent système, il faut distribuer aux lapins peu de fourrage à la fois, et renouveler trois ou quatre fois par jour les distributions. Si chaque ration est proportionnée à l'appétit des animaux, tout est consommé ; aucune portion n'est entraînée hors du râtelier ; cela seul est une garantie contre la plupart des maladies qui déciment les lapins mal soignés. Ces maladies ont presque toujours pour cause première une sorte d'empoisonnement provenant du contact de l'urine du lapin avec ses aliments.

La meilleure nourriture pour le lapin domestique consiste dans de bon fourrage sec ; celui des prairies artificielles (luzerne, trèfle, sainfoin) est préférable à celui des prairies naturelles ; on y peut ajouter une petite quantité de racines fourragères (carottes ou betteraves) et un peu de son ou d'avoine ; ces derniers aliments sont réservés, en général, pour les lapins reproducteurs et les femelles qui allaitent leurs petits.

C'est ici le lieu de combattre avec insistance le préjugé si généralement répandu dans les campagnes, et qui consiste à ne considérer l'élevage des lapins comme avantageux, que quand on peut les nourrir d'aliments qui ne coûtent rien. La plupart des ménagères, à la campagne, croient avoir réalisé un beau bénéfice lorsqu'elles ont vendu un petit nombre de lapins qui, depuis le moment où ils ont cessé de vivre du lait de leur mère, n'ont pas mangé autre chose que de la mauvaise herbe provenant du sarclage des champs et des jardins. Pendant toute la belle saison on envoie les enfants, comme on dit vulgairement, *faire de l'herbe* pour les lapins. Or, les enfants n'ont aucune connaissance des plantes qui conviennent le mieux à la nourriture des lapins, non plus que de celles qui peuvent leur nuire à divers degrés. La grande ciguë, la jusquiame, le stramonium ou pomme épineuse, sont des poisons si connus, que les plus ignorants savent éviter de les mêler à la ration des lapins; mais la petite ciguë, aussi nuisible que la grande, échappe souvent à leurs observations ainsi que d'autres plantes qui, sans empoisonner directement les lapins, leur causent des diarrhées souvent mortelles; l'oseille, les diverses espèces de patiences sauvages, l'oxalide ou surelle commune, et généralement toutes les plantes sauvages d'une saveur acide, produisent des effets de ce genre. Il faudrait, de la part de ceux qui coupent ou arrachent des plantes sauvages destinées à la nourriture des lapins, un degré d'attention qu'on ne peut exiger d'eux, et des connaissances qui leur manquent absolument, pour qu'ils fussent en état de faire le triage des herbes bonnes ou mauvaises à divers degrés. On peut affirmer que les trois quarts du temps la mortalité des jeunes lapins, attribuée à des maladies inconnues, provient d'empoisonnement. Sans doute, de temps en temps, par hasard, une portée échappe au danger, s'élève tant bien que mal, et la ménagère, en revenant du marché, rapporte quelquefois un peu d'argent de la vente de ses lapins qui ne lui ont rien coûté à élever. Mais, ce n'est pas exercer sérieusement l'industrie de l'élevage du lapin que de baser cette industrie ur une méthode ruineuse, avec laquelle il faut compter sur le hasard pour recueillir un mince bénéfice qui le plus souvent fait défaut.

On doit se faire une loi de ne donner au lapin, *en toute saison,* que la moitié de sa ration en aliments frais et de ne faire entrer dans la composition de cette partie de sa nourriture que de l'herbe fraîche de prairies naturelles ou artificielles, des débris de légumes, des racines fourragères et d'autres substances du même genre, parmi lesquelles aucun aliment suspect ne puisse s'introduire. Cette méthode coûte plus que celle qui consiste à élever les lapins exclusivement avec de la mauvaise herbe; elle est cependant la seule rationnelle et vraiment économique, puisque seule elle permet de compter sur un résultat certain et d'obtenir de l'élevage en grand du lapin des bénéfices constants et considérables.

Tout le monde a entendu parler du livre publié sous le titre de : *l'Art d'élever les Lapins et de s'en faire* 3,000 *francs de revenu.* Nous avons connu personnellement l'auteur de ce livre; il habitait, au cinquième au-dessus de l'entre-sol, une des rues les plus étroites d'un des quartiers populeux de la capitale. Son clapier, fort bien tenu, était établi en plein air, sur un toit en plate-forme. Nous n'avons pas vu ses comptes (en supposant qu'il prît la peine d'en tenir); nous ignorons s'il s'en faisait 3,000 fr. de revenu; ce qui est certain, c'est que son clapier le faisait vivre lui, sa femme et ses nombreux enfants; il n'avait aucun autre moyen d'existence, et pourtant, ne possédant pas un centimètre carré de terre cultivée, il achetait fort cher tout ce qu'il donnait à manger à ses lapins. Si cet homme réussissait dans de telles conditions, on peut se figurer combien l'élevage du lapin domestique peut offrir de bénéfices sous l'empire de circonstances économiques moins défavorables.

L'eau que les lapins ont besoin d'avoir constamment à leur disposition, doit être assez souvent renouvelée pour qu'elle soit toujours propre. Si le lapin salit sans cesse son eau et ses aliments, si sa demeure ne peut être tenue propre qu'à force de soins, ce n'est pas que cet animal soit naturellement sale; au contraire, le lapin sauvage est évidemment un animal très-propre. Mais il est dans sa nature de se donner beaucoup de mouvement et de gambader sans cesse ; de là sa turbulence et son défaut de propreté lorsqu'il est confiné dans une cabane étroite, genre d'existence entièrement opposé à ses inclinations.

Engraissement.

Il est toujours avantageux d'engraisser les lapins; on le peut à très-peu de frais avec des aliments abondants et à bon marché; la valeur des lapins engraissés est double de celle des lapins maigres, et ce qu'ils ont consommé n'a pas coûté la moitié de leur accroissement de valeur. Si cette vérité était bien comprise, aucun lapin ne serait vendu sans avoir été préalablement engraissé. Les lapins mâles ne doivent être engraissés qu'après avoir subi la castration; c'est à l'âge de 2 à 3 mois qu'ils la supportent le mieux. Beaucoup d'éleveurs attendent pour pratiquer cette opération que les lapins aient atteint l'âge de 5 à 6 mois; ils ont alors à peu près tout leur volume. 15 jours après la castration, on peut commencer à les engraisser; mais, lorsqu'on attend aussi tard, on perd un certain nombre de lapins, tandis que ceux qui sont castrés de 2 à 3 mois survivent à peu près tous. Dans ce dernier cas, ils restent soumis jusqu'à l'âge de 5 à 6 mois au même régime que les autres lapins; on attend pour les engraisser qu'ils aient pris toute la croissance propre à leur race; s'ils sont convenablement nourris, ils deviennent à peu près de la grosseur d'un lièvre.

L'engraissement, lorsqu'on opère en grand, dure de 12 à 16 jours; on donne aux lapins, en 4 repas, à des heures régulières, des boulettes formées de pommes de terre écrasées, de son et de farine d'orge ou de sarrasin. Pendant les derniers jours de l'engraissement, l'un des repas doit être composé d'orge, d'avoine et de sarrasin en grains; ce régime rend la chair du lapin de meilleur goût, en même temps que sa graisse devient plus blanche et plus ferme. Les lapins mâles, même lorsqu'ils ont subi la castration, doivent être, pendant la durée de l'engraissement, séparés des femelles, qui se querelleraient avec eux et les empêcheraient d'engraisser.

Lorsqu'on ne veut engraisser qu'un petit nombre de lapins pour la consommation d'un ménage, et qu'on ne regarde pas de trop près à la dépense, on peut ne leur donner que du son et de l'avoine, à discrétion, 5 à 6 fois par jour, et quelques carottes ou des croûtes de pain pour occuper leurs dents entre les repas. Avec ce régime, l'engraissement est complet en 10 à 12 jours. Les lapins gras doivent être immédiatement tués et livrés à la consommation; sans quoi, ils commencent aussitôt à dépérir, étant du nombre des animaux qui, comme disent les éleveurs, *ne tiennent pas la graisse.*

CHAPITRE XIII.

DE LA FAISANDERIE.

Faisans. — Espèces et variétés. — Faisan commun. — Doré. — Argenté. — Métis. — Faisanderie libre. — Faisanderie domestique. — Disposition du local. — Multiplication. — Ponte. — Reponte. — Conservation des œufs. — Durée de l'incubation. — Poules de relais. — Élevage des faisandeaux.

Le faisan est le plus recherché de tous les gibiers quant à la délicatesse de sa chair ; la multiplication et l'élevage en grand de ce bel oiseau ne sont pas beaucoup plus difficiles que ceux des dindons ; il n'y a pas de frais extraordinaires à faire pour réussir parfaitement à en élever un grand nombre qu'on vend toujours avantageusement, soit pour peupler les chasses gardées, soit directement pour la consommation. Les chances de perte sur l'élevage du faisan sont très-faibles quand on sait employer les meilleurs procédés ; c'est de tous les oiseaux domestiques celui qu'on peut vendre le plus cher, relativement à ce qu'il en coûte pour l'élever.

Espèces et variétés.

Le faisan commun, originaire des bords de la mer Noire, au pied du versant occidental du Caucase, est répandu depuis la plus haute antiquité dans toute l'Europe. Le climat du nord de la France lui est peu favorable ; il s'y maintient difficilement à l'état sauvage. On connaît deux autres espèces distinctes de faisans, le *faisan doré* et le *faisan argenté*, tous deux originaires de la Chine. Le faisan doré, plus petit que l'espèce commune, est un oiseau d'ornement qui peut, par la richesse des nuances de son plumage, passer pour l'un des plus beaux oiseaux de la création. Le faisan argenté, plus gros que le précédent, est comme lui un oiseau d'ornement; il n'est ni plus rustique que le faisan commun, ni préférable au point de vue gastronomique. On obtient par le croisement des métis du faisan argenté et du faisan commun ; ces métis sont rarement doués de la faculté de se reproduire, ce qui rend leur multiplication peu intéressante au point de vue économique. On en peut dire autant des métis que le coq faisan commun peut donner avec la poule commune ; leur chair est à peu près aussi bonne que celle du faisan, mais ils ne se reproduisent jamais.

Faisanderie libre.

On peut multiplier les faisans dans une sorte de demi-liberté dans des faisanderies qui sont, par rapport à cet oiseau, l'équivalent de ce que sont les garennes forcées pour les lapins sauvages. Ce genre de faisanderie est assurément celui qui donne le plus de bénéfice avec le moins de peine et d'embarras, lorsqu'on dispose d'un local convenable. Ce local doit être un enclos de 2 à 3 hectares, fermé de murs, en partie découvert, en partie garni de buissons épais ou de jeunes taillis. Les faisans convenablement soignés et nourris, multiplient parfaitement dans un semblable enclos; pour les empêcher d'en sortir, il ne faut que leur casser le *fouet de l'aile*, c'est-à-dire l'articulation de l'extrémité de l'aile; cela suffit pour leur ôter la faculté de voler. La proportion pour le peuplement de la faisanderie est d'un mâle pour sept femelles. Pendant l'hiver, on leur ménage un perchoir sous un abri couvert en planches, au pied d'un mur, à l'exposition du midi; on a soin qu'ils ne manquent ni d'eau propre, ni de grains en quantité suffisante, surtout quand la terre est couverte de neige. Le froment, le sarrasin et le petit maïs à poulets, répandus de place en place dans la faisanderie, sont les aliments qui conviennent le mieux aux faisans. Indépendamment de la nourriture qu'on leur distribue, les faisans trouvent dans leur enclos des glands, des faînes, diverses graines de plantes sauvages, des limaces, des vers et une grande quantité de larves d'insectes. Les femelles nichent à terre, dans les broussailles les plus épaisses. Il est inutile de leur préparer des nids dans la faisanderie, il suffit qu'elles y trouvent de la paille d'avoine et quelques poignées de gros foin; elles font leur nid à leur guise et où il leur plaît; leur instinct les avertit de se tenir à distance les unes des autres et d'adopter aux environs de leur nid un certain espace où, après l'éclosion, elles promènent leur couvée, sans jamais en franchir les limites. C'est pour cette raison que la faisanderie doit occuper un si grand espace, sans quoi les femelles vivraient entre elles dans un état de guerre permanent, ce qui naturellement nuirait au succès des couvées.

Il ne faut entrer dans la faisanderie que le moins possible et respecter scrupuleusement l'humeur sauvage des faisans, si l'on veut qu'ils multiplient dans cet état de demi-liberté qui leur convient, du reste, mieux que l'état de domesticité. On prend les jeunes faisans au moment où ils quittent leur mère, n'étant point encore en état de prendre leur volée. Comme ils ont un robuste appétit, en leur offrant des aliments de leur goût, on les attire aisément dans un enclos préparé d'avance, dont la porte est refermée derrière eux et dont ils ne peuvent plus sortir. Les faisans, élevés de cette manière, sont les meilleurs de tous pour le peuplement des chasses gardées. Ceux qui en achètent doivent s'assurer qu'ils ne proviennent pas d'une faisanderie située à trop peu de distance des bois ou ils doivent vivre à l'état sauvage; autrement, ils ne manqueraient pas de retourner à la faisanderie, lieu de leur naissance, et de s'y établir à demeure.

Faisanderie domestique.

Le faisan n'est domestique qu'à moitié; ce n'est pas à proprement parler un oiseau de basse-cour; il ne multiplie pas en domesticité. Malgré son naturel sauvage, il peut devenir très-familier, jusqu'à prendre avec plaisir sa nourriture dans la main de ses maîtres et s'habituer à aller et venir dans la maison; mais la femelle du faisan semble n'accepter la domesticité que pour elle-même, non pour sa postérité: dans la faisanderie domestique, elle pond, elle ne couve pas. Néanmoins, en donnant les œufs de la poule faisane à couver à la poule commune, on élève des faisans dans une basse-cour sans beaucoup plus de difficulté qu'on n'en éprouve à faire multiplier toute espèce d'autres volailles.

Plusieurs auteurs ont avancé que lorsqu'une poule commune couve des œufs de poule faisane, il lui est impossible d'en faire éclore plus de la moitié et de mener à bien, par couvée, plus de 4 à 5 faisandeaux. C'est, en effet, ce qui a lieu trop souvent dans les faisanderies domestiques où l'on regarde de trop près aux avances à faire et à la peine à prendre pour réussir. Mais nous pouvons affirmer, d'après notre propre expérience, que lorsqu'une poule couve 12 œufs de faisane, on peut espérer en moyenne 10 petits qui viennent *tous* à bien s'ils sont convenablement soignés.

Disposition du local.

Un local entièrement séparé de la basse-cour doit être consacré aux faisans qu'on désire faire multiplier en domesticité. Une cour carrée, close de murs, ayant 10 à 12 mètres de côté, suffit pour 4 coqs faisans, accompagnés chacun de 5 poules, soit en tout 24 têtes. On divise cet espace en 4 compartiments égaux, au moyen de grillages en fil de fer, donnant les uns dans les autres par des portes à charnières, qui restent ouvertes avant et après l'époque de la reproduction. Les bandes de faisans vivent en bonne intelligence et se plaisent dans la société les uns des autres, depuis la fin de la saison de la ponte jusqu'au commencement du printemps. A cette époque, les portes de communication entre les divers compartiments sont fermées; chaque coq faisan reste chez lui avec ses poules, sans pouvoir chercher querelle à ses voisins.

De petites cabanes bien couvertes sont construites le long du mur de clôture, autant que possible, à l'exposition du midi; leur nombre doit être égal à celui des poules faisanes; chaque cabane contient un nid semblable à ceux où poudent les poules communes.

La meilleure manière d'abreuver les faisans c'est de faire circuler dans une rigole en briques sur champ, un filet d'eau courante à travers tous les compartiments de la faisanderie domestique. Partout où cela n'est pas possible, on enterre de petits baquets ou des terrines de grès, dont l'eau doit être renouvelée *tous les jours*.

Avant d'introduire les faisans dans le local disposé pour les recevoir, on ne doit pas manquer de les *éjointer* (c'est l'expression reçue), c'est-à-dire de leur casser le fouet de l'aile, sans quoi ils ne manqueraient pas de s'envoler.

Multiplication.

La poule faisane commence à pondre du 1er au 15 mars; elle pond régulièrement tous les deux jours, ou bien tous les jours, en prenant, après avoir effectué la moitié de sa ponte, un repos de 8 jours. La ponte est habituellement de 20 œufs; mais les bonnes poules faisanes donnent ce qu'on nomme une *reponte* de 5 à 6 œufs, 8 à 10 jours après la fin de la ponte principale; après quoi, elles cessent de pondre jusqu'au mois de mars de l'année suivante.

Les œufs doivent être enlevés tous les jours et toujours par la même personne, qui les dépose à mesure dans un vase quelconque rempli de son; la coque de ces œufs est plus fragile que celle des œufs de poule, il ne faut y toucher qu'avec précaution. L'enlèvement des œufs doit se faire pendant que les faisans sont occupés à consommer la ration qu'on vient de leur distribuer : il importe beaucoup, surtout pendant l'époque de la ponte, que les faisans soient dérangés le moins possible et qu'ils ne voient pas d'autres personnes que celles qui les soignent habituellement.

Les œufs de faisane, conservés dans du son, dans un lieu frais, attendent, sans compromettre l'existence du germe, que les poules communes commencent à vouloir couver; il ne faut donner à chaque poule que 12 œufs de poule faisane, et ne confier le soin de les faire éclore qu'aux meilleures couveuses de la basse-cour.

Ici se présente une difficulté sérieuse : la durée de l'incubation des œufs de faisane n'est jamais moindre de 23 jours; elle peut, selon l'état de la température, se prolonger jusqu'à 27 jours. Ce terme étant plus long que celui de l'incubation des œufs de poule, beaucoup de poules quittent les œufs de faisane le vingt et unième jour, et renoncent à les couver. Cet inconvénient étant prévu, on se tient en mesure d'y faire face, en tenant en réserve, à cet effet, des *poules de relais*. On nomme poules de relais des poules disposées à couver, qu'on fait attendre en leur confiant des œufs de leur espèce au moment où l'incubation des œufs de faisane est à son douzième ou à son quinzième jour. Si les premières couveuses se découragent, on prend, à l'heure du repas du soir, les poules de relais pour les placer sur les œufs de faisane dont elles terminent l'incubation. Pendant ce déplacement, il faut user de précaution pour ne pas casser quelques-uns des œufs de faisane, dont la coquille est très-fragile. On ne doit choisir, soit comme premières couveuses, soit comme poules de relais, que des poules très-bonnes couveuses, et surtout très-bien apprivoisées, afin que leur familiarité compense jusqu'à un certain point les dispositions sauvages des jeunes faisandeaux.

Élevage.

La poule commune, devenue mère d'une couvée de faisandeaux, est placée, non pas sous une mue comme celle qui est entourée de jeunes poulets, mais dans une petite hutte bien close, si ce n'est du côté du midi. Cette hutte est placée dans un petit enclos de treillage où les faisandeaux peuvent prendre l'exercice qui leur est nécessaire; chaque fois qu'ils en sentent le besoin, ils viennent se réfugier sous les ailes de la mère, qui ne manque pas de les rappeler aux heures des distributions.

Le premier jour, le faisandeau n'a pas plus besoin de nourriture que le jeune poulet; il ne commence à manger que dans un intervalle de 24 à 36 heures. Son premier aliment consiste en une pâtée formée de mie de pain, de jaune d'œuf cuit émietté et d'œufs de fourmi; ce dernier mets est le plus nécessaire. Voici comment on se les procure :

On sait que ce qu'on nomme vulgairement œufs de fourmi est une larve blanche de laquelle les fourmis doivent naître et dont on trouve toujours une ample provision dans les fourmilières. On recherche dans les bois les fourmilières de la grosse fourmi brune, nommée par les naturalistes fourmi *polyergue ;* cette chasse doit se faire par deux hommes, le matin, avant le lever du soleil. L'un des deux chasseurs de fourmis est armé d'une pelle à très-long manche, l'autre porte un sac de forte toile. Au premier coup de pelle donné dans la fourmilière, les fourmis, surprises dans leur sommeil, s'éveillent en sursaut et cherchent à fuir; le sac, posé sur leur demeure, ne leur laisse pas d'issue; elles s'y réfugient en masse, après quoi l'on peut enlever les larves séparément, sans difficulté. Le sac, plein de fourmis, est porté immédiatement dans un four à moitié refroidi; elles y sont promptement étouffées; elles peuvent se conserver en cet état pendant plusieurs jours: les larves n'ont pas besoin d'être passées au four pour se conserver. Il n'en faut donner aux faisandeaux que très-peu à la fois; les fourmis et les larves de fourmis les altèrent beaucoup; l'eau dont on les abreuve doit être renouvelée aussi souvent qu'elle est salie. A quinze jours, on commence à faire alterner les repas de pâtée préparée comme on vient de l'indiquer, avec des repas de criblures de froment; à un mois, ils ne reçoivent plus par jour qu'une distribution de pâtée et trois de grain. A deux mois, ils éprouvent une crise violente, mais qui n'est pas dangereuse lorsqu'ils sont bien soignés; cette crise est causée chez le mâle par la formation des grandes plumes de la queue et chez la jeune poule faisane par la croissance qui, dans l'espace d'une semaine, la fait augmenter de volume d'une manière frappante. Cette crise passée, les faisandeaux quittent leur mère ; ils peuvent être désormais traités comme toutes les autres volailles et nourris principalement de froment, d'orge et de sarrasin.

Dans les pays vignobles, on conserve du marc de raisin desséché pour la nourriture des jeunes faisans ; les carottes cuites, le céleri et le persil cru, grossièrement haché, et les épluchures d'oignons, forment pour eux un supplément de ration très-favorable à leur développement et à leur bonne santé.

Ceux des faisans qu'on destine au repeuplement des chasses gardées doivent passer leur premier hiver dans la faisanderie domestique, on a soin de les préserver du froid pendant les plus mauvais jours ; ils sont mis en liberté dans les bois, à l'époque de la reproduction, pendant les beaux jours qui, sous le climat du centre et du nord de la France, surviennent toujours vers la fin de février.

Le prix des faisans est toujours assez élevé pour que leur élevage soit très-profitable ; ce qu'il faut dépenser surtout pour réussir, c'est du soin, de la peine, une attention soutenue à prévoir les besoins des jeunes faisans, afin de les satisfaire au moment opportun ; rien de tout cela n'est bien difficile ; on en peut espérer autant de plaisir que de profit.

CHAPITRE XIV.

LES OISEAUX DE VOLIÈRE.

Oiseaux de volière. — La fauvette. — La linotte. — Le pinson. — Le verdier. — Le chardonneret. — Le tarin. — Le bouvreuil. — L'alouette. — Le rossignol. — Le merle. — L'étourneau ou sansonnet. — Le geai. — Le corbeau. — La pie.

Après les animaux de basse-cour, les oiseaux de volière prennent rang parmi ceux dont il est le plus agréable de s'occuper, à la ville comme à la campagne. On peut également élever ces charmantes petites créatures, soit qu'on ait seulement en vue le plaisir que peuvent procurer leur ramage et leur familiarité, soit qu'on se propose de les faire multiplier pour en vendre les produits, dont il est toujours facile de tirer un parti avantageux, lorsqu'on n'est pas trop éloigné d'une grande ville.

Les oiseaux de volière qu'il est le plus agréable d'élever et le plus facile de se procurer sous le climat moyen de la France, sont : la *fauvette*, la *linotte*, le *pinson*, le *verdier*, le *chardonneret*, le *tarin* et le *bouvreuil*. Tous ces oiseaux, réunis dans une volière suffisamment spacieuse, font assez bon ménage, vivent entre eux sans trop se chamailler, et élèvent, chacun à leur façon, leur petite famille, sans déranger les voisins.

Quelques autres, d'un peu plus grande taille, aiment à vivre isolément et ne multiplient point en captivité ; ce sont spécialement : l'*alouette*, le *rossignol*, le *merle* et son proche parent *l'étourneau*, plus connu sous le nom vulgaire de *sansonnet*. Il y faut ajouter, pour compléter la liste, le *geai*, la *pie* et le *corbeau*, qui deviennent d'une familiarité insolente, et répétant quelques mots en grasseyant, comme s'ils les comprenaient.

La fauvette.

On élève de préférence dans la volière la *fauvette à tête noire*, remarquable par sa calotte d'un brun foncé chez la femelle, d'un noir lustré chez le mâle; c'est l'espèce du genre fauvette qui chante le mieux et le plus longtemps, et qui s'accoutume le mieux à la cage. Dans les maisons où il n'y a point de chats, on peut la laisser voler en liberté dans l'appartement; elle va le soir se coucher d'elle-même dans sa cage, et semble se plaire beaucoup dans la société de ceux qui en prennent soin. Cette fauvette ne multiplie pas en cage lorsqu'on l'y tient en couples isolés; mais dans une grande volière, contenant à l'intérieur un buisson de thuya ou de tout autre arbre toujours vert, la fauvette à tête noire fait régulièrement une ou deux couvées par an. Au reste, celles qu'on prend adultes au piége, à l'abreuvoir, et celles qu'on enlève du nid lorsqn'elles ne sont pas encore assez emplumées pour s'envoler, s'apprivoisent également bien. Elles ont seulement, en novembre et décembre, plusieurs semaines d'agitation; c'est l'époque où, à l'état libre, elles émigrent vers le sud; cet instinct voyageur ne les quitte jamais, quelque familières qu'elles soient devenues. On peut conserver jusqu'à 10 ans la fauvette noire en captivité dans une grande volière; en cage, elle ne vit pas plus de 5 ou 6 ans; elle éprouve tous les ans, même lorsqu'elle est en captivité et qu'elle y a vieilli, la même période d'agitation à l'époque du départ des fauvettes libres.

C'est surtout dans une volière spacieuse qu'il est curieux d'étudier les mœurs réellement intéressantes de la fauvette. Le mâle est extrêmement attaché à sa femelle; s'ils sont pris tous les deux à l'époque de la reproduction, la femelle désespérée ne veut pas manger; le mâle l'y engage et l'y contraint, pour ainsi dire, par ses instances et son exemple; il chante tout le jour pour la distraire, commence le nid pour élever sa famille, couve quand sa femelle quitte un moment ses œufs, et n'abandonne pas ses petits lorsqu'ils sont en état de sortir du nid. Le soir, il fait choix d'une place commode sur un rameau ou un bâton, dans la volière; toute la famille s'y place en ligne, le père à un bout, la mère à l'autre, les petits au milieu, serrés les uns contre les autres. Cet attachement et cette surveillance durent encore longtemps après que les petits n'ont plus besoin du père et de la mère.

On donne aux jeunes fauvettes une pâtée claire, faite de graine de chanvre écrasée, de jaune d'œuf cuit dur et de mie de pain blanc. Plus tard, on y joint un peu de persil haché, de poires et pommes très-mûres, qu'elles aiment à becqueter, de grains de raisin, et, de temps en temps, des vers de farine; car, à l'état libre, la fauvette vit uniquement d'insectes. Il ne faut pas lui donner trop à manger, sans quoi elle devient très-grosse et meurt d'indigestion.

La linotte.

La linotte est aussi disposée que la fauvette à la familiarité; mais elle ne multiplie pas en captivité, même lorsqu'elle a été prise toute jeune dans le nid. On l'élève très-facilement avec du grain de navette écrasé mêlé à du jaune d'œuf cuit dur; plus tard, on peut la nourrir de toute espèce de grains, surtout de navette et de millet. On ne peut trop blâmer la coutume barbare en usage dans tout le Nord, de crever les yeux à la linotte pour qu'elle chante toute l'année. Si l'on place la cage d'une pauvre linotte aveugle près de celle d'une autre également privée de la vue, elles chantent alternativement, jusqu'à extinction de voix; celle qui se tait la première est ordinairement sacrifiée, elle a perdu la voix pour toujours.

La linotte, sans être aveuglée, chante pendant presque tout l'été; elle peut vivre en cage 5 ou 6 ans, comme la fauvette. La variété dont le mâle est marqué d'une tache rouge sur la tête est douée d'un instinct d'imitation très-prononcé; on peut apprendre au linot à tête rouge des fragments d'airs simples au moyen d'une serinette ou d'un flageolet dont on joue très-lentement, en adoucissant les sons. Placé près de la cage d'un rossignol ou d'une fauvette à tête noire, ce linot oublie son propre chant, en prenant celui de ses voisins.

Le pinson.

La femelle du pinson ne couve pas en captivité; elle ne chante pas et n'a qu'un plumage sans éclat; ces motifs la font exclure de la volière, où le mâle seul est admis. Rien n'est d'ailleurs plus facile que d'élever le pinson pris dans son nid lorsqu'il commence à s'emplumer. On le nourrit comme les jeunes linottes jusqu'à ce qu'il ait terminé sa croissance; plus tard, quoique, à l'état sauvage, il vive autant d'insectes que de grains, on peut sans inconvénient le nourrir exclusivement de navette et de millet; quelques grains de blé et d'avoine, dont il enlève très-adroitement le son pour ne manger que la snbstance intérieure, lui sont utiles de temps en temps.

Dans le Nord, on crève les yeux des pinsons élevés en cage afin qu'ils chantent toute l'année; en liberté, le pinson chante de février à la fin de juin. Il est impossible d'expliquer pourquoi deux de ces oiseaux placés près l'un de l'autre, chantent tour à tour jusqu'à ce que l'un des deux ait perdu la voix.

Le verdier.

Quoique le verdier n'ait ni la voix mélodieuse de la fauvette et de la linotte, ni le chant éclatant du pinson, et qu'il soit seulement doué d'un gazouillement joyeux; il est si gracieux, si facile à apprivoiser, si sensible à l'amitié qu'on lui témoigne, qu'il est mis à juste titre parmi les oiseaux de volière. Comme la fauvette, il ne multiplie pas en cage par couple isolé; mais, dans une grande volière, la femelle du verdier couve et élève ses petits. Cet oiseau vit uniquement de grains, ce qui le rend des plus faciles à nourrir soit en cage, soit dans la volière.

Le chardonneret.

Le prix de la beauté appartient au chardonneret entre tous nos oiseaux chanteurs indigènes, soit pour l'élégance de ses formes, soit pour la vivacité des nuances de son plumage. Son ramage varié est aussi agréable et moins bruyant que celui du serin. Il se nourrit aisément de toute sorte de graines; celles de laitue, de salsifis et de chardon, ces dernières surtout, lui sont très-agréables; le seneçon, à l'état frais, fait partie, ainsi que le mouron, de sa nourriture habituelle. Il multiplie en cage et dans la volière, soit avec une femelle de son espèce, soit avec celle du serin des Canaries.

Le tarin.

Le tarin, très-gai, très-vif, doué d'un ramage agréable, très-disposé à devenir extrêmement familier, présente une particularité fort remarquable dans ses mœurs. Non-seulement il ne niche pas dans la cage non plus que dans la volière; mais, même en liberté, on ne trouve jamais son nid, soit qu'il prenne un soin particulier de le cacher dans les lieux les moins accessibles à l'homme, soit qu'il multiplie dans les forêts des montagnes, et ne se répande dans le voisinage des lieux habités qu'après avoir élevé sa couvée. Quoi qu'il en soit, on ne le prend jamais qu'à l'âge adulte, ce qui ne l'empêche pas de s'apprivoiser complétement, pour peu qu'on prenne soin de lui et qu'on lui témoigne une affection à laquelle il est très-sensible.

Le bouvreuil.

C'est sans contredit un charmant oiseau que le bouvreuil, tant pour la beauté de son plumage que pour la mélodie de son chant. Il est d'autant mieux à sa place, dans une cage ou une volière, qu'il commet des ravages sérieux dans les jardins, surtout à cause de son goût prononcé pour les boutons à fleur de prunier. S'il y a trois ou quatre bouvreuils dans un jardin fruitier, ils ne laisseront pas un bouton subsister sur les pruniers, ceux-ci fussent-ils magnifiquement préparés à fleurir.

Par un privilége assez rare chez les oiseaux de volière, la femelle du bouvreuil siffle aussi agréablement, et est aussi susceptible d'attachement et d'éducation musicale que le mâle lui-même. La nourriture du bouvreuil est la même que celle de la linotte; lorsqu'on veut le régaler, au printemps, on sacrifie un rameau de prunier dont les boutons commencent à se renfler; c'est pour lui une friandise de prédilection; lorsqu'on les lui donne, il s'en montre toujours très-reconnaissant.

La femelle du bouvreuil couve et élève ses petits en volière; le mâle la seconde en donnant à manger aux petits pour lesquels il témoigne beaucoup d'affection. On peut conserver le bouvreuil en cage pendant 7 à 8 ans.

L'alouette.

Malgré son humeur vagabonde et sa passion pour la liberté, l'alouette s'habitue à la cage, mais elle n'y multiplie pas non plus que dans la volière. On élève en cage des alouettes mâles prises au piége ou bien enlevées jeunes dans leurs nids. Les jeunes ont besoin d'un peu de viande hachée très-menu avec du jaune d'œuf cuit dur et de la mie de pain dans leur pâtée. Dès qu'ils ont pris leurs plumes et qu'ils commencent à manger seuls, il ne faut plus leur donner que du grain. On garnit de gazon le plancher de la cage de l'alouette sur lequel elle aime à se promener continuellement. Le dessus doit être couvert de toile afin qu'elle ne se blesse pas la tête lorsqu'elle veut obéir à l'instinct inexplicable qui la porte à s'élever en ligne droite en chantant. L'alouette peut vivre 10 à 12 ans en cage; quelquefois, mais rarement, elle y vit au delà de 20 ans.

L'alouette peut devenir très-familière, on l'accoutume aisément à manger dans la main de son maître et même à venir sur la table prendre place parmi les convives et dîner proprement dans une soucoupe.

Le rossignol.

C'est un meurtre de tenir des rossignols en captivité; ils y chantent toujours moins bien qu'en liberté; il est bien plus agréable, assurément, de jouir de leur ramage dans les bosquets où ils nichent volontiers sans s'effrayer du voisinage de l'homme, que de les entendre déplorer la perte de leur liberté et mener le deuil de leurs amours, car le rossignol ne multiplie que lorsqu'il est libre.

En Belgique, les propriétaires de châteaux et de maisons de campagne, desquels dépend un parc ou un bosquet, ne négligent rien pour attirer les rossignols et leur offrir une hospitalité toute désintéressée. A cet effet, ils placent dans la partie la plus touffue et la plus tranquille du bosquet une pierre creuse où les rossignols trouvent toujours de l'eau pour se désaltérer et un petit pot dans lequel on met chaque jour quelques vers de farine, aliment favori du rossignol. C'est surtout dans ce pays qu'on se donne souvent le plaisir inoffensif d'élever des couvées de jeunes rossignols, ou plutôt de les voir élever par le père et la mère, puis de leur rendre leur liberté.

Il est facile, dès qu'on connaît la place d'un nid de rossignols dont les petits commencent à s'emplumer, de prendre vivants au filet ou au piége le père et la mère sans les blesser; on les enferme dans une chambre peu éclairée dont on a parsemé le plancher *d'œufs de fourmi*, que ces oiseaux aiment beaucoup; puis on leur apporte leur famille sans déranger le nid. On met à leur disposition dans un pot des vers de farine, dans un second de l'eau propre, et dans un troisième une pâtée faite de viande maigre de bœuf hachée très-menu avec du jaune d'œuf cuit dur et de la mie de pain blanc. Tout aussitôt le père et la mère se remettent à nourrir leur famille et ne songent pas à fuir, quand même on leur en offre l'occasion, tant que leurs petits ont besoin de leurs soins. L'éducation terminée, on remet en liberté toute la famille qui manque rarement de revenir dans le canton l'année suivante. Par ce moyen, on peut prendre le plaisir inoffensif de voir les soins assidus des rossignols pour leurs petits, auxquels ils donnent régulièrement la becquée *toutes les heures*, et l'on est assuré que les nichées ne seront ni détruites par la fouine ou la belette, ni enlevées par les maraudeurs.

L'instinct de la paternité est tellement prononcé chez le rossignol, que, si l'on place une couvée de jeunes rossignols près d'un vieux mâle, captif depuis longues années, il l'adopte sur-le-champ, la nourrit et la soigne comme si elle était à lui.

Le merle.

Le merle est celui de nos oiseaux chanteurs dont le chant commence le plus tôt et finit le plus tard.

Le merle ne multiplie jamais en cage; mais, si l'on place dans une grande volière un couple de merles et qu'on les y laisse parfaitement tranquilles, ils élèveront une et même deux couvées par an; car, si le printemps est beau, les petits de la première couvée pourront quitter le nid dès la fin du mois de mai. Si l'on commet l'imprudence d'inquiéter les merles dans l'accomplissement de leurs devoirs paternels, rien qu'en les observant de trop près, ils cassent leurs œufs et les mangent; il leur arrive même de tuer et de manger leurs petits dès qu'ils craignent qu'on ne les leur prenne, ce qui ne les empêche pas, lorsqu'on les laisse tranquilles, d'être des parents aussi affectueux et aussi attentifs que peuvent l'être les autres oiseaux de volière.

On nourrit les merles en cage avec une pâtée de cœur de bœuf cru haché, de jaune d'œuf cuit dur et de mie de pain blanc. Ils apprennent assez facilement à répéter des fragments d'airs simples qu'ils semblent siffler avec plaisir, et qui leur font oublier leur chant naturel.

L'étourneau ou sansonnet.

L'étourneau ne multiplie pas en captivité ; mais si, près des lieux qu'il fréquente, on lui offre un asile à sa convenance, en suspendant au mur un pot percé par le fond, comme on le fait pour attirer le moineau franc, il y fait son nid, et refait une seconde couvée dans le même domicile lorsqu'on lui a enlevé la première. Les petits, qu'il faut prendre très-jeunes au nid pour qu'ils oublient leur cri naturel, peu agréable, sont assez difficiles à élever ; on ne peut les nourrir, jusqu'à ce qu'ils soient emplumés, qu'avec du cœur de mouton coupé en petites lanières minces et longues à peu près comme des chenilles ; il faut leur en donner souvent et peu à la fois. On prend rarement cette peine, parce que l'étourneau, pris adulte au piége ou au filet, s'apprivoise très-aisément. On le nourrit avec la même pâtée qu'on offre aux jeunes rossignols ; du reste, il mange à peu près de tout, car, à l'état libre, il vit indifféremment de grains, d'insectes et de fruits.

Ceux des oiseaux de notre climat qu'on peut élever sans les tenir en cage, en raison de leurs dispositions à la familiarité et de la facilité avec laquelle on peut leur faire répéter un certain nombre de mots, sont, en France, *le geai*, *le corbeau* et *la pie*.

Le geai.

Il est assez difficile d'élever le geai pris dans son nid, même lorsqu'étant aux trois quarts emplumé il ne doit pas tarder à en sortir. Il faut mêler beaucoup de viande à sa pâtée, avec de la graine de chanvre écrasée, jusqu'à ce qu'il ait pris tout son développement ; il devient alors très-rustique et très-familier, surtout lorsqu'on a soin de le bien nourrir, car il paraît être constamment tourmenté de la faim, ce qui l'attache à ceux qui lui donnent à manger.

Il apprend sans peine à prononcer distinctement un certain nombre de mots, surtout ceux où revient la lettre R.

Le corbeau.

Cet oiseau, dont l'existence est très-prolongée, n'a pour le recommander aux soins de l'homme que sa facilité à répéter plusieurs mots, surtout les plus ronflants, et sa familiarité, poussée jusqu'à l'insolence. C'est, au total, un hôte désagréable, qui ne rachète pas ses nombreux défauts par beaucoup de bonnes qualités. Il mange à peu près de tout et est extrêmement vorace.

La pie.

On en peut dire autant de la pie; celle-ci l'emporte néanmoins sur le corbeau par sa loquacité amusante et sa facilité à retenir des phrases courtes qu'elle comprend à moitié et qu'elle applique souvent à propos. C'est ainsi que, chez beaucoup de petits marchands, la pie, dès qu'elle voit entrer un chaland, apprend à crier distinctement : *A la boutique! à la boutique!*

Lorsqu'on prend les jeunes pies dans leur nid, on les élève sans difficulté avec une pâtée faite de fromage mou et de mie de pain; plus tard, elles mangent de tout, et ne sont ni moins voraces ni moins insolentes que le corbeau, leur proche parent, car la pie est classée parmi les oiseaux du genre corbeau.

FIN.

TABLE DES MATIÈRES.

CHAPITRE I.

CHAPITRE II.

CHAPITRE III.

CHAPITRE IV.

CHAPITRE V.

CHAPITRE VI.

CHAPITRE VII.

CHAPITRE VIII.

CHAPITRE IX.

CHAPITRE X.

CHAPITRE XI.

CHAPITRE XII.

CHAPITRE XIII.

CHAPITRE XIV.

TABLE ALPHABÉTIQUE.

A

B

C

D

R

T

V

IMPRIMERIE BAILLY, DIVRY ET COMP.,
PLACE SORBONNE, 2.

PARIS. — IMP. SIMON RAÇON ET COMP., RUE D'ERFURTH, 1.

www.ingramcontent.com/pod-product-compliance
Ingram Content Group UK Ltd.
Pitfield, Milton Keynes, MK11 3LW, UK
UKHW020310180726
13839UKWH00001B/432

9 782329 570341